Katzen ahoi!

Ohne Katzen sähe die Weltkarte heute anders aus; ohne sie wären die großen See-Expeditionen und Entdeckungsfahrten kaum möglich gewesen: Auf den wochenlangen Fahrten über den Atlantik waren die Schiffskatzen lebenswichtige Begleiter, denn sie schützten die Lebensmittelvorräte vor Ratten und Mäusen. Noch bis ins 20. Jahrhundert hinein war deshalb ihre Anwesenheit auf Handels- und Kriegsschiffen, Expeditionen und Passagierfahrten selbstverständlich. Eine französische Versicherung forderte sogar die Anwesenheit einer Katze an Bord des Schiffs, andernfalls ging der Versicherungsschutz verloren. Die Tradition, eine Katze mit an Bord zu nehmen, wird bis heute vielerorts beibehalten.

Detlef Bluhm hat die Geschichte der Schiffskatzen rekonstruiert und erzählt von ihrem Leben an Bord, von wagemutigen Landgängen, abenteuerlichen Expeditionsreisen und riskanten Rettungsaktionen über Bord gegangener Schiffskatzen.

Detlef Bluhm, 1954 in Berlin geboren, war lange Jahre im Buchhandel und in Verlagen tätig und ist seit 1992 Geschäftsführer im Börsenverein des Deutschen Buchhandels Landesverband Berlin-Brandenburg e. V. Zudem ist er Vorsitzender des Literaturhauses Berlin e. V. Er hat mehrere Bücher zur Kulturgeschichte der Katze veröffentlicht.

Im insel taschenbuch sind von ihm erschienen: *Das große Katzenlexikon* (it 3653), *Von Katzen und Frauen* (it 4212), *Was Sie schon immer über Katzen wissen wollten* (it 4245), *Mit Katzen durch das Jahr. Ein immerwährender Kalender* (it 4250) und *Nur der Kater war Zeuge. Erzählungen* (it 4291).

insel taschenbuch 4311
Detlef Bluhm
Schiffskatzen

Detlef Bluhm
Schiffskatzen

Mit Abbildungen

Insel Verlag

Umschlagabbildungen: Edward Carlile/
Getty Images; shutterstock

Für Rolf-Peter Baacke

Erste Auflage 2014
insel taschenbuch 4311
Originalausgabe
© Insel Verlag Berlin 2014
Vertrieb durch den Suhrkamp Taschenbuch Verlag
Umschlag: Cornelia Niere, München
Druck: Druckhaus Nomos, Sinzheim
Printed in Germany
ISBN 978-3-458-36011-7

INHALT

»Der weiße Kater tänzelte akrobatisch die Reling entlang, auf rosafarbe-
nen Tatzen seinen Spitzentanz vollführend, den Schweif wie eine zitternde Balancestange hochgereckt. Er vollführte sein makelloses künstleri-
sches Programm rund um die Reling.
In Kuba haben die Spanier eine Katze der Eingeborenen vors Kriegsge-
richt gestellt, nachdem sie einen ihrer Papageien zerfetzt hatte, und sie
hinrichten lassen«, sagte der vierzigjährige Kapitänleutnant zu Maritsa.
Die tägliche Vorstellung des Katers brachte regelmäßig historische Einzelheiten aus dem unerschöpflichen Fundus zum Thema Katzen zum
Vorschein.«
Ioanna Karystiani / *Die Augen des Meeres*

»Vielleicht wird einmal noch das Hohelied eines seltsamen, geheimnisvollen Tiervolkes gesungen, das Lied von den Schiffskatzen.«
Gustav Schenk / *Seefahrer Kador*

ANGEHEUERT:
DIE GEBURTSSTUNDE DER SCHIFFSKATZE

Bubastis

Die Ägypter kamen aus allen Teilen des Landes, zu Hunderttausenden machten sie sich auf den Weg. Sie reisten mit ein- oder zweimastigen Flussbooten über den Nil an. Ihr Ziel war Bubastis, die Hauptstadt des Nildeltas, etwa hundert Kilometer nordöstlich der großen Pyramiden von Gizeh gelegen. Sie vergnügten sich schon während der Fahrt: Frauen klapperten mit Kastagnetten, Männer spielten die Flöte. »Die übrigen lachen, singen und klatschen in die Hände«, berichtete der griechische Geschichtsschreiber Herodot vor fast 2500 Jahren. »Einige tanzen, dabei heben manche Frauen ihre Gewänder und zeigen schamlos ihre Blöße. In Bubastis angekommen, feiern sie und bringen Opfer dar. Bei diesem Fest wird mehr Wein getrunken als im ganzen übrigen Jahr. Mehr als 700000 Männer und Frauen kommen so zusammen, sagen die Einheimischen.«

Bubastis war nicht nur die politische Hauptstadt des Deltas, sondern vor allem die Metropole der Katzengöttin Bastet, der beliebtesten Gottheit Ägyptens. Ihr zu Ehren fand alljährlich im Sommer ein mehrtägiges Fest statt, ihretwegen kamen die Pilger zusammen. Bastet war die Göttin der Fruchtbarkeit und der Liebe, der Freude, des Tanzes und der Musik; auf ihrem Fest wurde der Alltag aus den Angeln gehoben.

Im Juni des Jahres 978 v. Chr. kam das Handelsschiff aus Byblos nur mühsam den östlichen Nilarm des Deltas flussaufwärts voran. Weil die Segel bei der Flaute schlaff in den Rahen hingen, musste die Besatzung der Tyros in der Gluthitze des Tages rudern. Sidon stand mit seinem Sohn Mago am hochgezogenen Vordersteven, den ein Widderkopf zierte. Der Kapitän fixierte das linke Nilufer. Sahrajt Al Kubra musste jeden Moment in Sicht kommen. Von dem schäbigen Fischerdorf führte ein Kanal direkt nach Bubastis, dem Ziel ihrer Reise. Ihr Schiff war mit Zedernholz, Harz, Purpurstoffen und Wein schwer beladen und lag tief im Wasser. Trotz der Flaute blieb ihnen noch genug Zeit: Das Fest der Bastet begann erst morgen. Der vierzehnjährige Mago trat aufgeregt von einem Fuß auf den anderen. Er war zum ersten Mal mit seinem Vater in Ägypten. Seit ihrem Aufbruch vom Ostufer des Mittelmeeres hatten sie bei günstigem Wind zwei Tagesreisen zurückgelegt, immer in Küstennähe, und nun lag ihr Ziel in greifbarer Nähe. Mago freute sich auf die Tiere, von denen der Vater so oft erzählt hatte. Zahme Katzen, die man nirgendwo sonst auf der Welt kannte.

Bevor Bubastis in Sicht kam, erblickten sie den Tempel der Bastet. Seine Portale ragten fast zwanzig Meter in die Höhe, flankiert von Statuen in doppelter Menschengröße. Der Tempel stand im Zentrum der Stadt auf einer künstlichen Insel, die durch Kanäle begrenzt wurde. Er war etwa einhundertfünfzig Meter lang, von gleicher Breite und wurde von einer hohen Steinmauer voller Reliefs mit Katzendarstellungen umschlossen. Vom Tempeleingang führte eine dreißig Meter breite Allee direkt zum Basar. Man konnte den Tempel von jeder Stelle der Stadt aus sehen – er war ihre Mitte, ihr Antlitz, ihr Gewicht.

Während sein Vater das Löschen der Ladung beaufsichtigte und mit den Händlern feilschte, erkundete Mago die von Pilgern überlaufene Stadt, in der er viele dieser fremden und faszinierenden Tiere beobachten konnte, die er aus den Erzählungen seines Vaters und anderer Seefahrer kannte. Oft hockte Mago sich hin, um Katzen anzulocken und ihnen, verwundert darüber, dass manche tatsächlich auf seine Lockrufe hin kamen, mit der Hand das seidige Fell zu streicheln. Er geriet immer wieder in Erstaunen darüber, dass sich diese kleinen Tiere, die wie ihre großen gefährlichen Verwandten aussahen, so zutraulich verhielten. Er hatte zwar nicht an den Worten seines Vaters gezweifelt, aber nun, da er selbst erlebte, wie sich die kleinen ägyptischen Katzen ihm näherten, wie sie sich schnurrend streicheln und kraulen ließen, erst jetzt merkte er, wie wunderbar diese Tiere waren. Er kannte bisher nur die großen Katzen, die wilden, vor denen man sich in Acht zu nehmen hatte. Nun war er sich ganz sicher, dass er seinen Plan, den er sich sorgfältig überlegt hatte, auch wirklich umsetzen würde. Erst als der Abend dämmerte, kehrte er zum Schiff zurück.

Lange nach Mitternacht, aber einige Stunden vor dem Erwachen der Besatzung, schlich sich Mago mit einem Weidenkorb vom Schiff. Er hatte während des Abendessens gebratenen Fisch und gekochtes Hammelfleisch beiseitegeschafft. Zum Glück schien der Mond hell genug. An Land holte er das Futter aus dem Korb, teilte Fisch und Fleisch in kleine Stücke und rieb sie mit pulverisiertem Blaumohn ein. Den gab die Mutter immer seinem kleinen Bruder, wenn er nicht einschlafen konnte. Von ihr kannte Mago die betäubende Wirkung der Pflanze. Er schnalzte mit der Zunge, ganz so, wie er es tagsüber beobachtet hatte. Und tatsächlich, bald tauchten einige Katzen auf. Zuerst sah er nur ihre unheimlich leuchtenden Augen und erschrak. Erst als sie schnurrend und maunzend näher kamen, konnte er sie genauer sehen. Es waren vier Tiere, drei Katzen und ein Kater, den er an seinen Bällchen zwischen den Beinen erkannte. Er breitete das Futter vor sich auf dem Boden aus. Ob sie fressen würden? Die Katzen schnupperten, dann nahmen sie ein Stück nach dem anderen auf. Jetzt musste Mago nur darauf achten, dass die Tiere ihm nicht entwischten. Doch seine Sorge war unbegründet. In der Hoffnung auf mehr Futter blieben sie bei ihm, maunzten ab und zu, strichen um ihn herum und rieben ihre Köpfe an seinen Beinen. Minuten vergingen. Eine Katze wurde plötzlich unsicher, stieß einen spitzen Schrei aus und knickte ein. Kurz darauf lag sie bewegungslos auf der Seite. Die anderen folgten ihr schnell in den Schlaf. Mago legte die Katzen vorsichtig in den Korb, verschloss ihn mit Bändchen aus Leder und kehrte auf das Schiff zurück. Nachdem er den Korb an seinem Schlafplatz bei der Reeling verstaut hatte, legte sich Mago auf eine Decke und schloss die Augen. *Von nun an,* dachte er, *werden die Katzen unsere Vorräte und Handelswaren gegen Ratten und Mäuse verteidigen. Und für die Jungen unserer Katzen können wir gutes Geld verlangen. Sie werden andere Schiffe beschützen, oder Kornspeicher.* Der Sohn des Kapitäns schlief zufrieden ein.

So oder so ähnlich könnte sich die Geburtsstunde der Schiffskatze zugetragen haben. Doch wie Katzen tatsächlich an Bord kamen und zu Schiffskatzen wurden, wissen wir nicht. Vielleicht haben sie sich eines Tages an Bord eines phönizischen Schiffes geschlichen, neugierig, wie Katzen nun einmal sind, oder vom Geruch gebratener Fische angezogen. Die Geschichte der Schiffskatze beginnt in unbekannten Gewässern.

Wir wissen zumindest, dass die Ägypter zu den wichtigsten Handelspartnern der Phönizier zählten, dass die seefahrenden Händler in Ägypten Laute und Bogenharfe eingeführt und damit die Musikkultur im Reich der Pharaonen bereichert haben. Und dass sie auf ihren Handelsreisen in Ägypten die domestizierte afrikanische Falbkatze kennenlernten. Deren Vertrautheit mit den Menschen und ihre ausgeprägte Fähigkeit zum Mäuse- und Rattenfang muss die Seefahrer verblüfft haben – solch eine Katze gab es in der übrigen Welt nicht. Wir wissen auch, dass in Ägypten ein Ausfuhrverbot für Katzen bestand und dass seine Missachtung streng bestraft wurde. Die Phönizier schafften es wohl trotzdem, Katzen an Bord und außer Landes zu schmuggeln, um endlich über eine wirksame Waffe gegen die lästigen Nager zu verfügen. Ob sie dann selbst auf die Idee kamen, mit dem Katzenhandel einen neuen Markt im mediterranen Raum zu erschließen oder ob ihre Handelspartner sie darauf brachten, ist ebenfalls nicht überliefert. Jedenfalls scheint festzustehen, dass die Phönizier den internationalen Handel mit Schiffskatzen erfanden und dass sie in erheblichem Umfang davon profitierten. In dieser ersten Phase der feliden Kolonisation unserer Erde, der Eroberung des Mittelmeerraumes, sind wir auf äußerst spärliche Quellen und deshalb weitgehend auf Vermutungen angewiesen.

Diese Münze wurde etwa 400 v. Chr. geprägt und als Zahlungsmittel in den griechischen Kolonien Süditaliens in Umlauf gebracht. Auf der Vorderseite versucht eine Katze mit ihren Vorderpfoten das Spielzeug zu erreichen, das ihr der Mann auf dem Stuhl hinhält. Die Darstellung der damals noch seltenen und wertvollen domestizierten Katze auf dem Geldstück verweist auf den hohen sozialen Status des abgebildeten Menschen und auf die Wertigkeit der Münze.

Von Afrika nach Europa
und über die Sieben Meere

Die alten Ägypter verhängten nicht nur ein Ausfuhrverbot für Katzen. Antike Autoren wie Diodor berichten auch von Lösegeldzahlungen zur Heimholung entführter Katzen. In einigen Texten ist sogar von militärischen Interventionen in benachbarten Ländern die Rede. Doch das uralte Gesetz von Angebot und Nachfrage siegte über alle Versuche, den Exodus der Katze zu verhindern. Die Kunde von der zahmen Mäusefängerin verbreitete sich wie ein Lauffeuer und weckte überall Begehrlichkeiten. Auf den Schiffen der Phönizier eroberte die Katze den gesamten Mittelmeerraum. Aus dem 11. Jahrhundert v. Chr. stammt ein Katzenkopf aus Terrakotta, der auf Kreta gefunden wurde. Eine Bronzekatze aus dem 7. Jahrhundert stammt von der Insel Samos. Etwa 500 v. Chr. entstand ein Marmorrelief mit Hund und Katze in Athen, und hundert Jahre später wurden griechische Münzen in Umlauf gebracht, auf denen eine spielende Katze dargestellt war. Über das Mittelmeer gelangte die Katze schließlich auch nach Rom. Schriftliche Zeugnisse und Reliefs, Mosaike, Grabsteine und Stelen mit Katzendarstellungen belegen, dass Katzen spätestens zur Zeit Julius Cäsars im Alltag der römischen Bevölkerung fest integriert waren.

Die weitere Verbreitung der Katze erfolgte zunächst über den Landweg. Mit den römischen Legionären zog sie nach Norden, aber im Unterschied zu den menschlichen Eroberern machte sie am Limes nicht Halt. Die Katze sicherte sich schnell die Wertschätzung unserer germanischen Vorfahren, und der Weg auf die englische Insel war für sie nur noch ein Katzensprung. Dort endlich begegnen wir der ersten Schiffskatze auf großer Fahrt:

In den fünfziger Jahren des 14. Jahrhunderts wurde Dick Whittington in ärmlichen Verhältnissen geboren. Seine Eltern starben, als er noch fast ein Kind war. Da der Waisenjunge keine Angehörigen mehr hatte, beschloss er, den Heimatort Gloucester zu verlassen und sein Glück in London zu suchen. Dort fand er bei einem reichen Händler, Mr. Fitzwarren, eine Anstellung als Küchengehilfe. Zu seinem Kummer stand sein Bett auf dem Dachboden, wo es von Mäusen nur so wimmelte. Deshalb kaufte er sich für einen Penny eine Katze, die alle Nagetiere erfolgreich vertrieb. Kurz darauf rüstete Mr. Fitzwarren ein Handelsschiff aus, das die afrikanische Küste entlangsegeln sollte. Wie damals üblich, gab er seinen Knechten, Lehrlingen und Gesellen die Möglichkeit, eigene Tauschwaren mitzuschicken. Da Dick nichts außer seiner Katze besaß, gab er sie in die Obhut des Kapitäns.

An einem der angelaufenen Handelshäfen Westafrikas lud der König eines kleinen Sultanats den Kapitän zu einem Festessen in seinen Palast ein. Als der Tisch gedeckt war, erschienen plötzlich wie aus dem Nichts Hunderte von Ratten und Mäusen, fielen über die Speisen her und verschlangen sie vor den Augen der entsetzten Gesellschaft. In seiner Machtlosigkeit bebte der König vor Zorn. Da ließ der Kapitän Dicks Katze kommen, die alle Nager gnadenlos tötete. Zum Dank übernahm der König die gesamte Schiffsladung und kaufte dem Kapitän für den zehnfachen Betrag, den er für alle Handelswaren bezahlt hatte, auch die Katze ab. So kam Dick durch seine Katze in den Besitz einer großen Kiste voller Gold und Juwelen, heiratete die Tochter von Mr. Fitzwarren und wurde später sogar Bürgermeister von

London. Dies ist der Kern einer in England noch heute bekannten volkstümlichen Legende, die nach wie vor Kinderbuchautoren zu neuen Adaptionen inspiriert.

Richard Whittington hat jedoch wirklich gelebt. Er wurde 1370 von seinem wohlhabenden Vater zu einem befreundeten Londoner Händler in die Lehre geschickt. Nur neun Jahre später gründete er sein eigenes Unternehmen und spezialisierte sich auf den Handel mit Samt, Damast und anderen Luxusgütern, mit denen er die bürgerliche Oberschicht, den Adel und das Königshaus belieferte. Seine Schiffe fuhren bis nach China, um entsprechende Waren einzukaufen. Er trieb auch Devisenhandel mit dem König und stieg schnell zum mächtigsten Händler seiner Zeit auf. Viermal versah er das Amt des Bürgermeisters von London, sein soziales und karitatives Engagement war außergewöhnlich für diese Zeit.

Die Geschichte von Dick Whittingtons Katze gehört zu den bekanntesten Legenden der gesamten angelsächsischen Welt. Von England aus wurde sie sogar bis nach Indien getragen, wo man sie im späten 18. Jahrhundert einem islamischen Schah andichtete, der in einem ähnlichen Zusammenhang die Katze nach China gebracht haben soll. Der Topos der rattenverschlingenden Katze, für die ein riesiges Vermögen bezahlt wird, ist zwar längst weltweit verbreitet, bleibt aber dennoch eine Legende. Der englische Priester und Ethnologe Alfred Thomas Bryant hat die Sprache und Kultur der Zulus im östlichen Südafrika erforscht. In seinem Klassiker der Wissenschaftsliteratur, *Olden Times in Zululand and Natal,* hat er sich in einer längeren Passage über den Handel mit Schiffskatzen ausgelassen. Zusammenfassend stellt er darin fest: »Wäre beispielsweise dem König von Tembé bei einem Schiffsbesuch eine Katze aufgefallen, hätte er sicherlich eine Probe ihres Könnens erbeten – um anschließend den Besitz von Katzen und den Handel mit ihnen unter ein königliches Monopol zu stellen. Dies schon allein deshalb, weil nichts auf der Welt so einzigartig ist wie die Geschicklichkeit einer Katze auf Mäusejagd.« Die Vorstellung, afrikanische Fürsten würden europäischen Händlern für eine Katze ein Vermögen zahlen, ist wohl eine eher kolonialistische Projektion.

Ein Portrait zeigt Dick Whittington mit einer Katze in seinem rechten Arm. Der englische Portraitmaler Reginald Elstrack hat es im späten 16. Jahrhundert angefertigt. Man hat jedoch herausgefunden, dass die dort abgebildete Katze erst später hinzugefügt worden ist. An ihrer Stelle befand sich ursprünglich ein Totenschädel, also ein Symbol für die Vergänglichkeit. Im frühen 18. Jahrhundert entstand ein Bühnenstück über Richard Whittingtons Leben, in dem die Katze als Glücksbringer bereits ihre entscheidende Rolle spielte. Spätestens hier deutet sich die Veränderung der Wahrnehmung der Katze in der Öffentlichkeit an. Die dunkle Welt des Mittelalters und die Zeit der Verfolgung der Katze sind endgültig vorbei. Sie wird zu einem positiv besetzten Tier. Der Handel befreit sich aus klerikalen und aristokratischen Beschränkungen, eine bürgerliche Oberschicht befindet sich auf dem Weg zur Emanzipation, und die nun mit anderem Blick betrachtete freiheitsliebende Katze wird zu einem ihrer Symbole.

Im heutigen London findet man noch zahlreiche Spuren, die Dick Whittington hinterlassen hat. In der von dem bedeutendsten Baumeister seiner Zeit, Sir Christopher Wren, im späten 17. Jahrhundert erbauten Kirche St. Michael Paternoster Royal erinnert ein Gedenkstein daran, dass Dick

Der Kupferstich nach Reginald Elstrack (1570–1625) zeigt das
Vera Effigies (wahre Gesicht) von Dick Whittington
(1354–1423). Aber so ganz wahr ist die Abbildung nicht,
denn der Londoner Drucker und Kunsthändler Peter Stent
(1613–1665) hat den Totenschädel, den Whittington auf dem
ursprünglichen Porträt in der rechten Hand hielt, aus
verkaufsfördernden Gründen durch eine Katze ersetzt.

Whittington hier begraben liegt. Ferner ist ein modernes Buntglasfenster von John Hayward zu sehen, das Dick mit seiner Katze zeigt. Die Kirche ist übrigens der Mission der Seefahrer gewidmet. Und das Motiv von Dick Whittington und seiner Katze hat das stadthistorische Museum of London als sein Logo adaptiert.

Die erste wirklich große, also interkontinentale Fahrt einer Schiffskatze fand vermutlich 1492 auf der Santa Maria statt, mit der Christoph Kolumbus den Seeweg nach Indien auf der Westroute erkunden wollte und dabei Amerika entdeckte. Doch in seinem ansonsten sehr ausführlichen Bordbuch wird keine Schiffskatze erwähnt. Dennoch ist es sehr unwahrscheinlich, dass der Genuese in spanischen Diensten ohne Schiffskatze in See gestochen ist. Seine erste Reise nach Amerika dauerte insgesamt über sieben Monate, allein für die Atlantiküberquerung von der kanarischen Insel Gomera bis zur Ankunft auf der Antilleninsel San Salvador benötigte die Santa Maria fünf Wochen ohne zwischenzeitliche Landberührung. Ohne Schiffskatze hätten sich in dieser langen Zeit Ratten und Mäuse ungehindert vermehren und der Vorräte bemächtigen können – Menschen waren ja nur unzureichend in der Lage, dem hungrigen Treiben der Nager Einhalt zu gebieten. Als erfahrener Seemann musste Kolumbus also wissen, dass eine so lange Reise ohne Schiffskatze fast ein Ding der Unmöglichkeit war. Er kannte mit Sicherheit auch die rechtlichen Regelungen, die das Mitführen von Katzen auf Schiffen zwingend vorschrieben – worauf in einem späteren Kapitel noch ausführlich eingegangen wird. Mensch und Katze hatten also bereits in dieser Zeit einen formlosen Vertrag miteinander: Der Mensch nahm die Katze mit in die Ferne und trug so zu ihrer weltweiten Verbreitung bei, die Katze bewachte dafür die Vorräte und Handelswaren auf diesen langen Reisen.

»Es erscheint undankbar«, schrieb der französische Katzenbuchautor Jean-Louis Hue, »wenn die Katze das Wasser nicht mag. Ihm verdankt sie, dass sie im Kielwasser des Menschen, als alter Seebär, die ganze Erde kolonisiert hat.« Die allermeisten Katzen, vor allem unsere Hauskatzen, mögen Wasser nicht besonders gern – obwohl die Weltmeere das Medium ihrer globalen Verbreitung waren. Sie lieben festen Boden unter den Füßen und das Leben in einem fest definierten Revier. Diese Ortsverbundenheit der domestizierten Katze ist sprichwörtlich. Ob sie in einer Wohnung, auf einem Bauernhof oder als Streunerin lebt: Die Katze richtet sich in ihrem Revier ein und bleibt ihm verbunden, wenn man sie nicht daran hindert. In den vergangenen 3 000 Jahren hat es jedoch immer wieder Katzen gegeben, die sich ein Schiff zur Heimstatt erkoren und damit die Entscheidung für einen sehr begrenzten Lebensraum getroffen haben. Eines mag sie daran gereizt haben: Katzen sind bekanntlich gute Kletterer und lieben es, sich die Welt von oben anzusehen. Auf Schiffen können sie wunderbare Aussichtsplätze in der Takelage finden und dort ihrer distanzierten Weltbetrachtung frönen. Unzählige Schiffskatzen haben im Lauf der Jahrtausende auf ihrem schwimmenden Revier die Welt bereist und dabei Unglaubliches erlebt. Diesen mutigsten und verwegensten Vertretern ihrer Art wollen wir nun auf ihrem abenteuerlichen Weg durch die Welt folgen.

TRIM

Unweit der Westküste Englands wurde 1774 Matthew Flinders in Donington, einem kleinen Ort der Grafschaft Lincolnshire, geboren. Schon als Junge hatte er nach der Lektüre des *Robinson Crusoe* beschlossen, zur See zu gehen. Von 1801 bis 1803 umsegelte Flinders als erster Seefahrer ganz Australien und ging mit dieser Pionierfahrt in die maritime Geschichte ein. Eine frühere Forschungsreise hatte ihn auf der HMS Reliance vom Kap der Guten Hoffnung nach Sydney geführt. Auf dieser Fahrt wurde 1799 im Indischen Ozean ein Kater geboren. Der Seefahrer gab ihm zu Ehren seines mitreisenden Onkels den Namen Trim.

Einen Tag vor Flinders Tod erschien am 18. Juli 1814 sein voluminöses Buch *A Voyage to Terra Australis*, in dem er den Kater mit keinem einzigen Wort erwähnte. Er fürchtete wohl, die Seriosität seines Werkes würde durch die Beschreibung einer Schiffskatze in Zweifel gezogen werden. Doch bereits im Dezember 1809 hatte Flinders über Trim einen langen Text geschrieben, der auf Umwegen ins Londoner National Maritime Museum gelangte und dort in den Archiven verschwand. Erst 1973 wurde *A Biographical Tribute to the Memory of Trim* zufällig entdeckt und erstmals publiziert. Flinders ausführliche Erinnerungen an seinen Kater und dessen Abenteuer beschreiben detailreich, humorvoll und sentimental Trims Leben und sind als historisches Dokument über das Leben einer Schiffskatze einzigartig.

Flinders skizzierte Trim als wohlgenährten Kater, der schnell an Größe und Ansehnlichkeit zunahm. Trims Fell war kohlrabenschwarz, allein seine vier Pfoten, die Unterlippe und ein Stern auf seiner Brust leuchteten weiß wie Schnee. Abhängig von der kulinarischen Versorgungslage an Bord, wog er zwischen zehn und zwölf Pfund. Er besaß einen langen, dicken und buschigen Schwanz sowie elegant wirkende Schnurrhaare. Im Verhältnis zu seiner Größe war sein Kopf klein und rund, doch »seine Gesichtszüge ließen Intelligenz und Selbstvertrauen erkennen«. Trim wuchs »zu einem der schönsten Tiere heran, das mir jemals zu Augen kam [...] und es schien, als habe ihn die Natur als Fürsten und Vorbild seiner Art geschaffen«.

Bereits als Kätzchen entwickelte Trim einen Wagemut, der ihn von anderen Katzen »etwa so unterschied wie das Verhalten eines furchtlosen Seemanns von dem eines faulen, schüchternen Ackerknechts«. Diese Abenteuerlust führte dazu, dass er, noch ein Katerchen, in einem Hafen beim übermütigen Spiel mit seinen Geschwistern über Bord fiel. Zum Glück wurde das Missgeschick bemerkt und ihm, der sich wimmernd über Wasser hielt, ein Seil zugeworfen, an dem er emporkletterte.

Trim avancierte schnell zum Liebling der gesamten Mannschaft, ob Offizier oder Matrose. Und da er »nur Gutes von den Menschen erfahren hatte, war er der Überzeugung, alle seien seine Freunde und er sei der Freund von allen«. Spielen blieb zeit seines Lebens eine der Lieblingsbeschäftigungen des Katers. Er hatte eine »permanente Leidenschaft für alles Runde, das in Bewegung war«. So jagte er gern einer Gewehrkugel nach, die an einem Faden befestigt auf Deck bewegt wurde. Auch das Hin- und Hertrudeln einer Kugel von einem Matrosen zum anderen bereitete ihm große Freude. In ständigem Lauern und blitzschnellem Zugreifen versuchte er, die Kugel zu greifen. Trim ließ auch einige Dressurakte zu, die manche Matrosen an ihm probierten. Sehr gern sprang er über ihm hingehaltene Hände und lernte auch, alle viere von sich gestreckt, so lange auf den Planken zu liegen, »bis ihm ein Signal zum Aufstehen gegeben wurde«. Kam dieser Ruf allerdings nicht schnell genug, »zeigte eine leichte Bewegung seines Schwanzes die beginnende Ungeduld an«.

Noch mehr liebte es der Kater aber, wenn an Deck allgemeine Geschäftigkeit ausbrach. Sobald ein Offizier *in die Wanten* befahl, »sprang er zusammen mit den Matrosen auf und war so engagiert und diensteifrig, dass er vor allen anderen oben war«. Dort blieb er gern sitzen, »um die Arbeiten wie ein Offizier zu überwachen«.

Neben diesen Beschäftigungen verlor Trim seine Hauptaufgabe an Bord nie aus dem Blick. Zur Freude der gesamten Mannschaft entwickelte er sich rasch zu einem furchtlosen und sehr gründlichen Raubtier. Nun waren Ratten und Mäuse den Schiffskatzen nicht völlig hilflos ausgeliefert. Im Frachtraum zwischen den eng gestellten Kisten und Fässern fanden sie immer Schlupfräume, in denen sie sich sicher verbergen konnten. Doch in den Häfen, beim Be- und Entladen der Waren, waren sie Trim schutzlos ausgeliefert. »Kaum wurde ein Fass bewegt, flitzte er darunter und stürzte sich auf die Feinde von König und Vaterland. Dabei entging er mehrfach nur knapp der Gefahr, dass sein Kopf zerschmettert würde.«

Andere Katzen haben derartig waghalsige Manöver nicht überlebt oder dauerhafte Schäden davongetragen. Der Reiseschriftsteller Alexander Rumpelt hat 1901 für die Septemberausgabe der von der Gesellschaft Urania herausgegebenen naturwissenschaftlichen Zeitschrift *Himmel und Erde* unter dem Titel »Frühlingstage am Mittelmeer« einen Reisebericht über seine Seefahrt von Tripolis nach Tunis geschrieben. Darin erwähnt er invalide Schiffskatzen: »Manche der älteren Katzen waren Krüppel. Kein Wunder bei dem beständigen Hin und Her und Durcheinander auf dem Schiff! So gingen zwei nur auf drei Beinen, und eine war einmal zwischen eine Thür geraten; der war der Schwanz zweimal geknickt. Daher hieß sie bei den Matrosen der ›Blitzschwanz‹. Höchst anmutig und auch für Menschen lehrreich war es zu sehen, wie sie bei bewegter See stehend nach links und rechts balancierten und noch vorsichtiger gingen, um bei dem Schaukeln des Schiffes nicht das Gleichgewicht zu verlieren. Es hieß, sie fielen nie über Bord und würden auch bei schwerstem Sturm nicht seekrank.« Trim hatte also Glück und ging seiner mörderischen Tätigkeit am liebsten im Vorratsraum nach. Manchmal verschwand er dort für ein paar Tage, um unerbittlich seine Pflicht auszuüben.

Sehr ausführlich hat Flinders Trims Verhalten bei Tisch beschrieben. Der Kater erschien immer als Erster eine Viertelstunde vor der Zeit, übte sich aber erstaunlicherweise »in einer solch zurückhaltenden Bescheidenheit, dass man seine Stimme nicht vernahm, bevor jeder andere am Tisch bedient worden war«. Dann machte sich Trim allerdings bemerkbar, indem er mit sanft einschmeichelnden Tönen von jedem Teller ein Stück erbat. Wenn jemand den Kater übersah oder ignorierte, holte sich Trim seinen Teil »von der Person, die er vergeblich angebettelt hatte, mit seiner Pfote von dessen Gabel, während sie auf dem Weg zum Mund war, mit einer solchen Geschicklichkeit und elegan-

ten Bewegung, dass es eher Bewunderung statt Ärger aus-
löste«. Man kann wohl annehmen, dass die Seeleute hier
ganz bewusst ihr Spiel mit dem Kater trieben, denn alle
hatten ihn längst ins Herz geschlossen.

Eines Tages trieb es Trim allerdings zu weit. Ein junger
Herr aß mit den anderen in der Fähnrichsmesse und schlang
sein Essen herunter, ohne den jungen Kater zu beachten.
Der ließ sich diese Ignoranz nicht gefallen und kletterte blitzschnell an der Weste des verdutzten Gastes hoch. Als der
Gast erschrocken die Lippen öffnete, fischte sich Trim ein
dickes Stück Fleisch direkt aus dessen Mund und schleppte es
davon. Dafür wurde Trim getadelt, und ein derartiges Verhalten kam wohl nicht noch einmal vor.

Im Jahr 1800 kehrte die HMS Reliance nach London zurück.
Trim kannte zwar Städte und Häfen, hatte aber sein junges
Leben bis zu diesem Zeitpunkt fast ausschließlich, von einigen Landausflügen abgesehen, an Bord eines Schiffes verbracht. Flinders brachte den Kater bei einer Bekannten unter, nichtsahnend, welche Probleme er damit schuf. Unterm
Dach von Trims neuer Behausung war ein Schiebefenster
eingelassen, das bei gutem Wetter geöffnet blieb. Trim nutzte diesen Ausgang für seine Erkundungsgänge. »Als es zu
regnen begann, wurde das Schiebefenster geschlossen. Für
andere Katzen ein unüberwindbares Hindernis, nicht aber
für Trim: der krachte, zum großen Schrecken der guten
Gastgeberin, durch das Glas wie ein Donnerschlag.« Als
Trim schließlich in einem geöffneten Wandschrank des
Hauses eine Maus entdeckte und die Jagd nach ihr aufnahm,
ging ein Großteil des darin aufgestellten Porzellans zu
Bruch. Nach dieser Verfolgungsjagd endete die Geduld der

Gastgeberin. Flinders sah sich gezwungen, den Kater bei einem anderen Bekannten unterzubringen. Aber auch dort ging es nicht gut. Mit den Worten, er habe »so ein merkwürdiges Tier noch nicht gesehen«, bat der Bekannte Flinders, den Kater wieder zu sich zu nehmen. Trim war wortwörtlich ein geborener Schiffskater und für das Leben auf dem Festland völlig ungeeignet.

Zu Trims Glück wurde Flinders 1801 zum Kommandanten der HMS Investigator ernannt und erhielt den Auftrag, noch einmal nach Australien zu segeln. Auf dem Schiff »fühlte sich Trim wieder ganz zu Hause, und seine Liebenswürdigkeit und außerordentliche Zutraulichkeit gepaart mit dem Vergnügen, das seine lustigen Streiche verursachten, machten ihn schnell wieder zu einem Liebling der Mannschaft«.

Trim brachte es jedoch nicht zum Liebling der Hunde, die sich ebenfalls an Bord befanden. Im Gegenteil: Er »schlug dem einen nach den Augen, verpasste dem anderen einen Kratzer auf der Nase und machte ihnen klar, dass sie ihm aus dem Weg zu gehen hatten«. Wenn sich ihm aber ein Hund in den Weg stellte, marschierte er geradewegs auf ihn zu, um »ihm mit einem drohenden Fauchen einen Hieb auf die Nase zu verpassen«. Er sprang auch gern auf den Handlauf, um die Hunde von oben mit Hieben zu attackieren.

Auf seiner Rückreise nach England im Sommer 1803 sah sich Flinders wegen eines Schiffsschadens gezwungen, die damals französisch besetzte Insel Mauritius anzulaufen. Flinders konnte nicht wissen, dass sich Frankreich und England seit einigen Monaten im Kriegszustand befanden, und war deshalb sehr überrascht, dass er gleich nach seiner Ankunft als Spion in Haft genommen wurde. Trim wurde mit ihm arretiert. Als Flinders in ein anderes Gefängnis verlegt wurde, gab er Trim in die Obhut einer französischen Dame, doch nur zwei Wochen später büchste der Kater aus. Ein Inserat in der Inselzeitung versprach eine Belohnung von zehn spanischen Dollar für das Auffinden des Katers, aber Trim blieb für immer spurlos verschwunden. »Und es ist mehr als wahrscheinlich«, schrieb Flinders, »dass dieses außerordentlich zutrauliche Tier von einem hungrigen schwarzen Sklaven gekocht und gegessen worden war.« Doch für diese Vermutung gab es keinen einzigen Hinweis. Flinders war untröstlich: »Niemals, mein Trim, werde ich jemanden wie dich wieder finden. Und bei allen, die das Vergnügen hatten, dich kennenzulernen, wird die Trauer niemals nachlassen.« Matthew Flinders konnte erst 1810 seine Rückreise nach England antreten. Vermutlich hatte er seine Trauer über den Verlust des Katers inzwischen weitgehend überwunden. Denn ein in England versprochener Grabstein mit dieser Inschrift, die Flinders für Trim gedichtet hatte, ist nie errichtet worden.

Zur Erinnerung an Trim,
den besten und erhabensten seiner Rasse,
dem herzlichsten Freund,
dem treuesten Diener,
und dem besten Geschöpf.
Er umsegelte die Welt
und reiste nach Australien,
das er umrundete;
und er war immer eine Freude und ein Vergnügen
für seine Mitreisenden.

Bei der Rückkehr nach Europa
erlitt er 1803 Schiffbruch im Südpazifik;
dieser Gefahr entkommen,
suchte er Zuflucht und Hilfe auf Mauritius,
wo er gefangen genommen wurde,
entgegen den Gesetzen der Gerechtigkeit,
der Humanität
und aus nationalistischen Gründen der Franzosen;
und wo er leider! sein wertvolles Leben beendete,
durch einen vorzeitigen Tod,
verschlungen von den Katzenfressern dieser Insel.
Oft habe ich seine kleinen Späße
mit Vergnügen beobachtet
und mich von seiner überragenden
Klugheit überraschen lassen:
Niemals wird es wieder einen wie ihn geben!
Trim wurde im Jahr 1799
im südlichen Indischen Ozean geboren
und verstarb wie beschrieben 1804
auf Mauritius.

Friede seiner Seele, und
Ehre seinem Andenken.

Die in Sydney sehr bekannte und beliebte Bronzeplastik von Trim
steht vor der State Library of New South Wales. Sie wurde im März
1996 von Konteradmiral David Campbell feierlich enthüllt, dazu
spielte eine Marinekapelle für die etwa 400 geladenen Ehrengäste.
Wie populär Trim noch heute in Sydney ist, kann man daran
erkennen, dass das Bibliotheks-Café nach ihm benannt ist.

AUF HOHER SEE

Ein archäologischer Fund
und Gesetze über Schiffskatzen

Um 1450 havarierte eine mit Porzellan und Keramik beladene Dschunke in einem schweren Sturm im Südchinesischen Meer. In keinem aaBericht findet man Einzelheiten über den Überlebenskampf der Besatzung gegen die tosende See. Wir wissen lediglich, dass er vergeblich war und mit dem Untergang des Schiffes in der Nähe der vietnamesischen Hafenstadt Hôi An endete. Der englische Journalist Frank Pope schildert in seinem Buch *Das Wrack von Hoi An* ausführlich die Geschichte der Bergung des Schiffes im Jahr 1996. Am Schiffsboden fanden die Taucher Knochenreste zahlloser Ratten, die es nicht geschafft hatten, das sinkende Schiff zu verlassen. »Ratten waren auch auf den Meeren die größte Plage«, schreibt Frank Pope. »Sie fraßen den Proviant an und verbreiteten Krankheiten. Ihre Zahl auf einer langen Reise unter Kontrolle zu halten war lebenswichtig, und so war es nicht überraschend, dass später in der Nähe der Kombüse achtern auch der Schädel der Schiffskatze auftauchte, die ihre Beute bis zum letzten Augenblick gejagt hatte.« Dieser Fund ist wohl der früheste archäologische Beleg für die Existenz von Schiffskatzen.

Aus der Zeit des Untergangs der Hôi An stammt auch das älteste erhaltene Exemplar des *Black Book of the Admirality*. Diese englische Sammlung gültiger Regeln für die christliche Seefahrt beinhaltet Gesetzestexte, die bis ins Jahr 1160 zurückreichen, beispielsweise die in altfranzösischer Sprache verfassten *Rôles d'Oléron*. Darin findet sich ein Paragraph, der detaillierte Regelungen zum Halten von Schiffskatzen nennt: »Wenn Handelswaren durch Ratten beschädigt werden, und es ist keine Schiffskatze an Bord, so hat der Schiffseigner Ersatz zu leisten. Dies gilt nicht für den Fall, dass sich eine Katze beim Beladen des Schiffes an Bord befunden hat und mitgefahren, aber auf See gestorben ist, und Ratten die Waren danach beschädigt haben, also bevor das Schiff einen Hafen anlaufen und sich mit neuen Katzen versorgen konnte. Der Schiffseigner soll also im Falle des Verlusts einer Katze bei der nächsten sich ihm bietenden Gelegenheit unter allen Umständen versuchen, Schiffskatzen zu kaufen oder sich schenken zu lassen oder auf irgendeine andere Weise an Katzen zu kommen. Wenn er das getan hat, ist er für durch Ratten beschädigte Waren nicht haftbar zu machen, denn er hat diesen Schaden nicht zu vertreten.« Folgerichtig führten vermutlich schon im 12., spätestens aber im 13. Jahrhundert in vielen Häfen Schiffsausstatter Katzen in ihrem Sortiment. Dort konnten sich die Kapitäne schnell mit Ersatz versorgen, wenn die Schiffskatze während der Fahrt verstorben war.

Schiffskatzen tauchen noch in einer Reihe weiterer gesetzlicher Regelungen auf. So hatte der schottische König Alexander II. im 13. Jahrhundert ein Statut erlassen, nach dem der Eigner eines gestrandeten Schiffes das Schiff selbst und die Ladung nur in dem Fall für sich beanspruchen konnte, wenn sich beim Anlanden auf dem Schiff ein Mann, ein Hund oder eine Katze befunden hatte. Der Begründer der französischen Kolonialpolitik, Jean-Baptiste Colbert, verfügte im 17. Jahrhundert, dass ein Schiff nur dann einen Hafen verlassen durfte, wenn sich mindestens zwei Katzen an Bord befanden. Ein entsprechender Passus musste in jeden Vertrag zwischen Kaufleuten und Kapitänen aufgenommen werden. Im Falle einer Missachtung der Verordnung und einer Beschädigung der Fracht durch Ratten oder Mäuse wurde der Kapitän persönlich haftbar gemacht. Noch Anfang der sechziger Jahre des 20. Jahrhunderts lehnte es eine Versicherung ab, »in Zukunft durch Nager verursachte Frachtschäden an der Ladung anzuerkennen«, falls der Versicherte – in diesem Fall eine französische Schifffahrtsgesellschaft – alle Katzen aus Kostengründen einsparen würde. Diese juristischen Vereinbarungen aus 800 Jahren belegen die immense Bedeutung, die der Katze auf Schiffen allein unter versicherungsrechtlichen Aspekten beigemessen wurde.

Wenn man dem Phänomen Schiffskatze auf den Grund gehen möchte, taucht schnell ein Quellenproblem auf. Obwohl die Schiffskatze den Seefahrern etwa dreitausend Jahre lang unschätzbare Dienste geleistet hat, ist sie in Log- und Tagebüchern, Reisebeschreibungen und maritimen Biografien bis ins 18. Jahrhundert so gut wie unerwähnt geblieben. Dafür gibt es mehrere Gründe. Der Hauptgrund für die magere Quellenlage mag darin liegen, dass die Anwesenheit von Katzen auf Schiffen schon früh eine Selbstverständlichkeit war. Kaum ein Autor hielt es für nötig, sie zu erwähnen. Schriftliche Berichte über Entdeckungsfahrten und Handelsreisen vor dem 18. Jahrhundert waren bis auf wenige Ausnahmen kurz abgefasst und konzentrierten sich auf die Beschreibung dessen, was als wesentlich betrachtet wurde: das genaue Verzeichnen der zurückgelegten Routen, Berichte über kriegerische Auseinandersetzungen mit Einheimischen, Vorkommen und Preise gefragter Handelsgüter, Skizzen von Hafenanlagen, Warnungen vor Piraten und sonstigen Gefahren. Dem Alltag an Bord, aus dem die Schiffskatze nicht wegzudenken war, wurde nur wenig Aufmerksamkeit geschenkt. Erst mit dem Entstehen eines städtischen Bürgertums, der fortschreitenden Alphabetisierung und einer damit einhergehenden Ausweitung der Buchproduktion begannen Kapitäne und Händler, Entdecker und Abenteurer, ihre Reiseberichte mit Beobachtungen und Erlebnissen anzureichern, die über rein maritime, militärische oder merkantile Informationen hinausgingen. Sie bedienten damit das Interesse eines wachsenden Marktes und tauschten ihre Abenteuer und Beobachtungen gegen Geld, Ruhm und Ehre ein, die eine Buchpublikation mit sich brachte. Auch die Schiffskatze erhielt nun mehr Aufmerksamkeit, obwohl sie nach wie vor nur am Rande erwähnt wurde. Ausführlichere Erwähnungen der Katze auf Schiffen finden wir bis auf einige Ausnahmen erst im späten 18. und dann vor allem im 19. Jahrhundert. Diese Zeit kann man als das Goldene Zeitalter der Schiffkatze in der Literatur bezeichnen. Folgen wir nun den Spuren, die die Schiffskatze in Reisebeschreibungen, Erinnerungen und Expeditionsberichten hinterlassen hat.

Die Entdeckung fremder Gestade

Zu den bedeutendsten europäischen Seefahrern des 15. Jahrhunderts zählt der Portugiese Vasco da Gama. Sein ewiger Ruhm ist seiner Entdeckung des Seewegs nach Indien auf der Fahrt von 1497 bis 1499 geschuldet. Dem bis heute unbekannten Chronisten dieser Pionierfahrt verdanken wir eine der wenigen Erwähnungen von Schiffskatzen aus dieser Zeit. Er berichtet über die Erkrankung eines großen Teils der Mannschaft während der Rückreise auf Höhe der Azoren: »Und weder die Kranken noch die Gesunden hatten außer Zwieback mit vielen Würmern etwas zu essen. Die Not war so groß, dass zwei Hunde und zwei Katzen von den Kranken gegessen wurden.«

Nun sind Berichte über Katzen, die dem Hunger der Besatzung zum Opfer fallen, sehr selten. Das ist nicht besonders erstaunlich, denn man entledigte sich mit der Katze ja der einzigen Waffe gegen Ratten und Mäuse, die sich an Bord mit großer Geschwindigkeit vermehrten und erheblichen Schaden anrichteten. Wie der Bauer nur in allergrößter Hungersnot seine Saatkartoffeln antastet, so legt auch der Seemann nur in Extremsituationen Hand an die Katze. Über eine weitere Ausnahme von dieser eisernen Regel berichtete der deutsche Diplomat Kurt Herzbruch 1925 in einem Buch über seine Reise nach Abessinien, das dem Deutschen Reich in dieser Zeit politisch eng verbunden war: »Diese ungebetenen Gäste [Ratten und Mäuse] hatten an Bord sehr überhandgenommen, seitdem die beiden Schiffskatzen das Zeitliche gesegnet hatten. Sie waren eines Tages von den Eingeborenen, die als Heizer auf unserem Dampfer in Dienst standen, mit Curry zubereitet, als Delikatesse verspeist worden.«

Häufig befanden sich auch viele andere Tiere an Bord. Einige Schiffe glichen sogar einer kleinen Arche Noah: Schweine, Rinder, Federvieh aller Art und Ziegen dienten der Ernährung, Esel und Pferde als Transportmittel zu Lande, Hunde zogen Schlitten durch Schneewüsten oder halfen bei der Jagd. In Landnähe kamen noch Möwen als ständige Begleiter hinzu. Auch einige unbekannte Spezies fanden an Bord von Expeditionsschiffen ihren Platz – zumeist allerdings nicht mehr in lebendigem Zustand. Und natürlich nicht zu vergessen die nimmersatten Ratten und Mäuse.

Wesentlich besser als den Katzen von Vasco da Gama erging es denen, die mit James Cook auf Entdeckungsreise nach Tahiti und in die Südsee fahren durften. Der Danziger Naturforscher und Reiseschriftsteller Georg Forster erhielt 1772 von der britischen Admiralität das Angebot, James Cook auf seiner zweiten Weltumsegelung zu begleiten, und beschrieb die dreijährige Reise später ausführlich. Im April 1773 erreichten die Abenteurer die Südwestspitze Neuseelands, und mindestens eine Schiffskatze nutzte die Gelegenheit, wieder festen Boden unter die Füße zu bekommen: »Das Tierreich lieferte uns auch einen Beweis, dass die Dusky-Bai gänzlich unbewohnt sein müsse, denn eine Menge kleiner Vögel schienen noch nie einen Menschen gesehen zu haben, so unbesorgt blieben sie auf den nächsten Zweigen sitzen oder hüpften wohl gar auf dem äußersten Ende unserer Vogelflinten herum. Diese unschuldige Dreistigkeit schützte sie anfänglich, denn wer hätte so hartherzig sein können, sie zu schießen. Wenige Tage später aber hatte eine Schiffskatze ausfindig gemacht, dass hier eine vortreffliche Gelegenheit zu einem herrlichen Fraß sei, worauf sie jeden Morgen einen Spaziergang unternahm, um eine schreckliche Niederlage unter den kleinen Vögeln anzurichten.« Das Gebiet, das Forster hier beschreibt, stellte sich aber schließlich doch als besiedelt heraus. Bald begegneten die Seefahrer ersten Ureinwohnern, und James Cook notierte in seinem Logbuch, dass vor allem »die Katzen ihre ganze Aufmerksamkeit erregten«. Die Aufmerksamkeit der Südseebewohner sollte noch eine Steigerung erfahren: »Auf der pazifischen Insel Tonga waren die Einwohner von unseren Katzen recht begeistert«, schrieb Forster. »Sie stahlen sie. Zwei oder drei dieser Diebe wurden mehr als einmal deshalb an Bord der Discovery ausgepeitscht.«

Das Auspeitschen von Matrosen war im 18. Jahrhundert in der Seefahrt eine weit verbreitete Strafe, selbst für – aus unserer heutigen Sicht – geringfügige Vergehen. Die Anwendung dieser Form der Züchtigung war einer der Gründe, die schließlich zur Meuterei auf der Bounty führten. Viele werden sich jetzt an den Film mit Marlon Brando und Trevor Howard aus dem Jahr 1962 erinnern, manch einer an dessen Romanvorlage von Charles Nordhoff und James Norman Hall aus dem Jahr 1932. Den wenigsten wird bewusst sein, dass diese Meuterei tatsächlich stattgefunden hat. Der Kapitän der HMS Bounty, William Bligh, hat über diese Reise 1790 ein Buch veröffentlicht. Die Bounty sollte nach Tahiti fahren und Ableger des Brotfruchtbaumes zum Transport auf die Westindischen Inseln an Bord nehmen. Dort wollten die Zuckerrohr-Pflanzer ihre Sklaven mit diesem billigen Nahrungsmittel ernähren. Aus witterungsbedingten Gründen musste die Bounty monatelang in Tahiti festmachen. In Blighs Fahrtenbericht findet sich unter dem 31. Januar 1789 dieser Eintrag über den Aufenthalt in Tahiti: »Unsere Brotfruchtpflanzen erforderten jetzt unsere ständige Aufsicht und Pflege, um sie von Insekten rein zu halten. Mit Hilfe unserer Katzen und guter Mausefallen gelang es uns, die Ratten und Mäuse zu vernichten. Als ich mit Kapitän Cook [im Sommer 1777] in Tahiti war, sah ich bei allen Häusern viele Ratten. Sie waren so dreist, dass sie um die Insulaner herumliefen, wenn sie bei der Mahlzeit saßen, um die hingeworfenen Brocken aufzuschnappen. Jetzt aber ließ sich kaum irgendwo eine Ratte sehen, was ohne Zweifel den Katzen zuzuschreiben ist, die mit europäischen Schiffen hierhergekommen sind.«

Das Goldene Zeitalter der Schiffskatze

Dass die Erwähnung der Katze in Reisebeschreibungen und Expeditionsberichten im 19. Jahrhundert sichtlich zunimmt, ist kein Zufall. In dieser Zeit erreichte die bereits in der Renaissance entstandene Zuneigung und Verehrung der Katze durch Künstler einen vorläufigen Höhepunkt. E.T.A. Hoffmann schuf mit seinen *Lebensansichten des Katers Murr* die bedeutendste Katzengestalt der Literaturgeschichte. Edgar Allan Poe schrieb mit *Die schwarze Katze* eine seiner berühmtesten Erzählungen und erfand damit nebenbei den Katzenkrimi. Charles Baudelaire besang die Katze in hymnischen Versen, Theodor Fontane, Théophile Gautier, Pierre Loti und viele andere Schriftsteller schrieben Texte über Katzen, die oft in hohen Auflagen erschienen und weite Verbreitung fanden.

Aber auch in der wissenschaftlichen Literatur setzte eine Umbewertung der Katze ein. Bis ins 19. Jahrhundert galt die Katze als teuflisches, tückisches und falsches Tier. In seinem umfangreichen Werk *Versuch einer vollständigen Thierseelenkunde* schlug der Naturforscher Peter Scheitlin 1840 völlig neue Töne an: »Die Katze ist ein Thier hoher Natur. Schon ihr Körperbau deutet auf Vortrefflichkeit. Alles an ihr ist harmonisch gebaut, kein Theil an ihr ist zu groß oder zu klein. Kein Thierkopf ist schöner geformt.«

In seinem *Thierleben* von 1864 bemüht sich auch Alfred Brehm, die Katze von ihrem vorurteilsbelasteten Image zu befreien:»Je höher ein Volk steht, je bestimmter es sich seßhaft gemacht hat, um so verbreiteter ist die Katze. Wo man sie in ihrem wahren Werthe erkannt hat, verbreitet man sie mehr und mehr. So hat sie nach und nach Heimrecht fast auf der ganzen Erde sich erworben, und erscheint überall als ein lebendes Zeugnis des menschlichen Fortschrittes, der Seßhaftigkeit, der beginnenden Gesittung.« Der Stimmungswechsel bei Künstlern und Wissenschaftlern beeinflusste auch die Allgemeinheit: Im 19. Jahrhundert setzte in der gesamten Gesellschaft ein Trend zur Neubewertung der Katze ein, der auch den Blick der Seefahrer und Entdecker auf ihre Schiffskatzen veränderte.

Interkontinentale Entdeckungsreisen auf Segelschiffen waren zahlreichen Unwägbarkeiten ausgesetzt. Ungünstige Wind- und Wetterverhältnisse, die notwendige Aufnahme von Frischwasser und Nahrung, Krankheiten und unvorhersehbare Reparaturen am Schiff sorgten in Verbindung mit den zurückzulegenden Entfernungen und der Reisegeschwindigkeit dafür, dass Seefahrer oft jahrelang unterwegs waren. So benötigte der deutsche Naturforscher und Schriftsteller Adelbert von Chamisso – wie vor ihm Vasco da Gama und James Cook – über drei Jahre für seine Weltumsegelung auf der russischen Rurik: von 1815 bis 1818. »Wir hatten in Teneriffa eine Katze und ein kleines weißes Kaninchen an Bord genommen«, schrieb Chamisso in seinem später veröffentlichten Tagebuch. »Beide lebten in großer Eintracht. Die

Katze fing sich Fische, und das Kaninchen verzehrte die Gräten, die sie ihm übrig ließ.« Beide Tiere erlebten die Ankunft in Brasilien nicht. Die kanarische Katze kann aber nicht die einzige an Bord gewesen sein, denn am 2. November 1817 notierte Chamisso diese kurze Bemerkung: »Die Hunde und die Katzen wurden an Land gebracht; diese zogen zu Walde, während sich jene an die Menschen anschlossen; aber auch sie warfen sich sogleich auf die Ratten und verzehrten ihrer etliche, und ich sah beruhigt ihre Unterhaltung auf Unkosten eines zu bekämpfenden lästigen Parasiten gesichert.« Chamisso berichtet hier über Radack, eine Insel der Ratak-Kette, die zu den Marshallinseln gehört. Die Seefahrer hatten sich dort auf der Hin- und Rückreise länger aufgehalten und verschiedene Sorten von Obst und Gemüse angebaut. Diese Pflanzungen verdorrten nach der Abfahrt der Seefahrer. Der Kapitän der Rurik, Otto von Kotzebue, landete sieben Jahre später erneut auf der Insel, und Chamisso berichtete darüber resigniert: »Von allem, was wir auf Radack gebracht, sah Herr von Kotzebue nur die Katze, verwildert.«

Die bisher beschriebenen Schiffskatzen erledigten ihre Aufgaben überwiegend zur Zufriedenheit der Menschen. Aber auch Schiffskatzen sind Raubtiere und jagen nicht nur Ratten und Mäuse. Der Naturforscher Johann Rudolf Rengger startete 1817 eine Expedition zur Erforschung der Tierwelt Paraguays, die acht Jahre dauern sollte. Während einer Fahrt auf dem Río Paraguay von Corrientes nach Asunción hielt er in seinem Tagebuch am 21. Juli 1819 folgendes Erlebnis fest: »Wir landen gegen Mittag um unser, schon ziemlich riechendes, Ochsenfleisch zu dörren. Unsere verwünschte Schiffskatze hat mir diese Nacht wieder einmal die Mühe erspart, einen gestern geschossenen Rallus zu skelettieren.« Es ist zu vermuten, dass die verwünschte Schiffskatze das gesamte Skelett des Vogels demolierte und so für die Forschung unbrauchbar machte.

Eine andere Katze hat ebenfalls dem Forscherdrang eines Wissenschaftlers einen dicken Strich durch die Rechnung gemacht. Es handelt sich dabei vermutlich um die erste Schiffskatze, die je die Antarktis erreicht hat. Der englische Kapitän und Entdeckungsreisende Sir James Clark Ross hat von 1839 bis 1843 die Südpolregion erkundet. Zur Erforschung der dortigen Fauna befand sich Dr. Robertson als wissenschaftlicher Leiter der Expedition an Bord. James Ross berichtete am 21. Februar 1842 in seinem Tagebuch von einem bis dahin nicht bekannten fünfzehn Zentimeter langen Fisch, der von einer Welle an Bord gespült wurde und dort sofort anfror. Dr. Robertson entfernte den Fisch vorsichtig von den Planken und begann umgehend mit einer Zeichnung des Fundes. »Doch unglücklicherweise riss eine Schiffskatze den Fisch an sich und fraß ihn auf«, heißt es knapp im Tagebuch des Kapitäns. In einem Beitrag zu dem Werk *Zoology of the Voyage. Fishes, Part II* bemängelte dann auch ein Dr. Richardson die Nutzlosigkeit der unfertigen Zeichnung: »Sie ist leider nicht ausreichend detailgetreu, zeigt weder die Anzahl der Kiemen noch die der Flossenstachel. Auch ist nicht ersichtlich, ob die Haut schuppig ist. Nicht einmal die Ordnung, zu der dieser Fisch gehört, ist sicher zu bestimmen. Wir haben eine Abbildung dieser Zeichnung hier nur aufgenommen, um für immer zu dokumentieren, unter welchen bizarren Umständen eine vermutlich bisher unbekannte Spezies entdeckt wurde.« Dr. Robertson wird sich vor allem über die Schiffskatze geärgert haben, als er diese Zeilen gelesen hat.

Mit einem hochgezwirbelten Schnurrbart, einem Fez auf dem Kopf
und einer Orientzigarette in der Hand – so hat der Maler Henri
Rousseau um 1891 Pierre Loti porträtiert. Und selbstverständlich mit
einer Katze, die selbstbewusst neben Loti auf einem roten
orientalischen Sitzkissen thront.

Madame Moumoutte Chinoise

Der Marineoffizier Pierre Loti zählt zu den bedeutendsten und erfolgreichsten französischen Schriftstellern des ausgehenden 19. und beginnenden 20. Jahrhunderts. Er kam 1850 als Sohn eines Schiffsarztes in der Hafenstadt Rochefort-sur-Mer an der französischen Atlantikküste zur Welt und besuchte die Französische Marineschule. Im Alter von dreiunddreißig Jahren nahm er als Seeoffizier auf dem Panzerkreuzer Atalante an der sogenannten Tonkin-Kampagne teil, einem militärischen Versuch Frankreichs, Nordvietnam zu unterwerfen. Im September und Oktober 1883 veröffentlichte Loti im *Figaro* drei Artikel über die Schlacht von Thuan An, in denen er französische Kriegsverbrechen anprangerte. Er entging nur knapp einer Suspendierung.

Für seinen 1891 erschienenen Erzählungsband *Das Buch vom Erbarmen und vom Tod* schrieb er den autobiographischen Text »Leben zweier Katzen«. Loti, der sich gern als »Freund, Sekretär und Vertrauter der Katzen« bezeichnete, beschreibt darin in heiteren und nachdenklichen, aber auch sehr traurigen Bildern das Leben und Sterben seiner Katzen. Eine lange Passage ist Moumoutte gewidmet. Nach Trim ist sie die zweite Schiffskatze der Geschichte, über die wir sehr genau unterrichtet sind.

Loti lernte Moumoutte unter wahrhaft dramatischen Umständen kennen. Während eines Seegefechts »an einem jener häufigen von Kampfeslärm erfüllten Abende« rettete sich eine Katze von einer aufgelaufenen Dschunke auf Lotis Schiff und suchte Unterschlupf in seiner Kajüte, genauer unter seinem Bett. »Sie war jung, noch nicht ganz ausgewachsen, zerrupft, ausgemergelt, bejammernswert. Ich hatte solches Mitleid mit ihr, dass ich meiner Ordonnanz befahl, einen Brei für sie anzurichten und ihr zu trinken zu geben.« Die getigerte Katze besaß einen langen Schwanz, goldgelbe Augen und auffällig große Ohren. Am Morgen nach der erwähnten Schlacht wollte Loti die Katze aus seiner Kajüte entfernen und trug sie zum anderen Ende des Decks, zu den Matrosen, die »im allgemeinen sehr freundlich und gutmütig zu jeder Art von Katzen sind«. Doch kaum hatte er sie dort abgeliefert, schlich die Katze zu seiner Kajüte zurück und erwartete ihn mit so ausdrucksvollen Augen, dass ihm »der Mut fehlte, sie von neuem zu verjagen. Meine Ordonnanz, die seit Beginn der Auseinandersetzung sichtlich für ihre Sache eingenommen war, vollendete augenblicklich ihren Sieg, indem er einen ausgepolsterten Schlafkorb unter mein Bett schob – und eine meiner großen chinesischen Schüsseln, die er in seinem praktischen Sinn bereits mit Sand gefüllt hatte«.«

Der 1892 zum Mitglied der Académie française und 1908 zum Präsidenten eines französischen Katzenschutzbundes ernannte Katzenfreund Loti beherbergte in seinem französischen Heim bereits eine Katze, für die er Visitenkarten mit dem Text »Madame Moumoutte, Oberkatze, weiß, bei Monsieur Pierre Loti, 141, Rue Chanzy, Rochefort-sur-Mer« hatte drucken lassen. Seine neue vietnamesische Katze nannte er »Madame Moumoutte Chinoise, Zweite Katze bei Monsieur Pierre Loti« und beschrieb sie als »die bizarrste kleine Persönlichkeit, die ich je gekannt hatte«. Madame Moumoutte Chinoise war in der Tat eine der merkwürdigsten Katzen, die je auf einem Schiff gereist sind. Sie besaß nicht den wagemutigen Charakter der Schiffskatzen, von denen wir schon gehört haben. »Ohne jemals, sei es tags oder nachts, auszugehen, verbrachte sie sieben Monate im Halbdunkel und ständigen Schwanken meiner Kammer an Bord.« Sie setzte ihre Pfote nicht einmal auf die Türschwelle in Lotis Kajüte. Das unruhige Leben auf dem Schiff war ihre Sache nicht: »Die Erschütterungen bei schwerer See, der Donner unserer Kanonen verursachten ihr fürchterliche Schrecken: In diesen Augenblicken sprang sie an den Wänden hoch, warf sich einige Sekunden lang wie eine Furie herum und blieb dann keuchend stehen, um sich mit traurigem und verwirrtem Blick in eine Ecke zu verziehen.« Statt sich an Bord umzuschauen, dort zu spielen, Freundschaften zu knüpfen oder Mäuse zu fangen, inspizierte sie lieber mit großem Interesse die auf der Fahrt von Vietnam nach Frankreich ständig wachsende Sammlung von Chinoiserien und orientalischen Antiquitäten, die Loti für sein Haus in Frankreich anschaffte. »Sie unterließ es nie, alle neuen Objekte, die in unserem gemeinsamen Heim auftauchten, mit größter Aufmerksamkeit zu untersuchen, um aus ihnen eine verschwommene Vorstellung von den exotischen Weltgegenden, die unser Schiff durchfuhr, zu gewinnen […] Manchmal war meine Kabine ein eisiger Ort, wenn etwa eine starke Brise die Luke aufstieß und alles durcheinanderfegte; meistens aber war es ein stickiger und düsterer Schwitzkasten, in dem chinesisches Räucherwerk vor alten Götzenbildern verbrannte wie in einem buddhistischen Tempel. Als Gefährten ihrer Träume hatte sie Ungeheuer aus Bronze oder Holz, die an den Wänden lehnten und ein schadenfrohes Lächeln zeigten.« Man darf sich die Kajüte des Marineoffiziers wohl wie das Depot eines Völkerkundemuseums vorstellen. (Sein Geburtshaus in Rochefort-sur-Mer, das Maison Pierre Loti, ist heute als

Museum eine Touristenattraktion ersten Ranges. Der Architektur gewordene Dichtertraum voller Mitbringsel aus aller Herren Länder ist wohl das Hauptwerk des Schriftstellers, wie sein Biograph Alain Quella-Villéger einmal bemerkt hat. Ohne jeglichen Anflug von Ärger schildert Loti, dass Madame Moumoutte Chinoise es liebte, die Seidentapeten seiner Kajüte »mit ihren unruhigen und nervösen kleinen Tatzen zu zerreißen«.

Trotz dieser destruktiven Aktionen und dem fast exzentrisch zu nennenden Wesen der Katze entstand zwischen Loti und Moumoutte eine ungewöhnlich intensive Beziehung, die der Schriftsteller so beschrieben hat: »Nach und nach entwickelte sich eine Vertraulichkeit zwischen uns, die einherging mit einer Fähigkeit wechselseitiger Einfühlung, wie sie sehr selten ist zwischen einem Menschen und einem Tier [...] In unser beider Einsamkeit wuchs unsere Vertrautheit von Tag zu Tag.«

Die Katze lebte auf dem Panzerkreuzer in der selbstgewählten klösterlichen Abgeschiedenheit ihrer Zelle. Außer Loti betrat nur sein junger Ordonnanzoffizier die Kajüte. Er versorgte die Katze wohl mit großer Zuneigung. Jedenfalls betont Loti, dass Madame Moumoutte Chinoise keinen Hunger zu leiden brauchte und »die Pasteten nicht aufhörten, vertrauenserweckend schnell zu verschwinden«.

Auf der langen Reise entwickelte die Katze sogar literarische Ambitionen, womit sie sich deutlich von der Mehrzahl der Schiffskatzen unterscheidet. Loti nutzte seine knapp bemessene Freizeit zum Schreiben – sofern er sich nicht an Land auf der Suche nach Antiquitäten befand. Wenn er an seinem Schreibtisch saß, nahm die Katze »umständlich auf meinen Knien Platz und verfolgte das Hin und Her meiner

Feder, wobei sie manchmal sogar, mit einem stets unvorhersehbaren Pfotenhieb, die Zeilen auslöschte, die sie missbilligte«.

Ganz im Unterschied zu Trim fühlte sich Madame Moumoutte Chinoise nach der langen Schiffsreise im Haus und im Garten von Pierre Loti sehr wohl. Sie schien die schwankende Existenz eines Lebens an Bord nicht zu vermissen.

Jahre später, Madame Moumoutte Blanche und Madame Moumoutte Chinoise waren längst gestorben, gab der vierundfünfzigjährige Loti 1904 im Hafen von Konstantinopel auf dem Dampfer Vautour anlässlich der Geburt eines weißen Perserkätzchens einen improvisierten Empfang. Auf dem mit Blumen geschmückten Schiff spielte ein kleines Orchester die burleske Symphonie von Bernhard Heinrich Romberg, und als Höhepunkt des Festes wurde die kleine Katze auf den Namen Belkis getauft. Leider ist über diese Schiffskatze nichts weiter bekannt.

Diese namentlich nicht bekannte Schiffskatze diente in den fünfziger Jahren auf dem britischen Flugzeugträger HMS Eagle. Offenbar hat der Fotograf dieser Aufnahme die Katze in ihrer dienstfreien Zeit bei einem Nickerchen gestört, sie sieht jedenfalls ziemlich verschlafen aus.

IN DER HÄNGEMATTE

Die Entdeckung der Hängematte

Das Bordbuch des Christoph Kolumbus mit seiner Schilderung der Entdeckung des Seewegs nach Amerika ist zweifellos eines der bedeutendsten Werke der maritimen Geschichte. Der italienische Seefahrer hat uns aber im Unterschied zu vielen anderen Bordbüchern dieser und späterer Zeit auch zahlreiche Notizen zu den Sitten und Gebräuchen der Inselbewohner hinterlassen. Seine Beobachtungen und Mitbringsel haben die europäische Welt nachhaltig verändert. Hier braucht nur an eine Pflanze erinnert zu werden, über die Kolumbus am 15. Oktober 1492 Folgendes in sein Bordbuch schrieb: »Und mitten in dem Golf zwischen diesen beiden Inseln, nämlich der Santa María und der großen, der ich den Namen Fernandina gab, traf ich einen einzelnen Mann in einem Einbaum, der von der Insel Santa María zur Fernandina fuhr; bei sich hatte er ein bißchen von seinem Brot, etwa eine Handvoll, eine Kürbisflasche mit Wasser und ein wenig rote Erde, die er zu Pulver zerrieben und danach zu einem Teig geknetet hatte, und ein paar trockene Blätter – das muß eine große Delikatesse bei ihnen sein, denn sie brachten mir schon auf San Salvador ein paar davon als Geschenk.« Bei dieser »großen Delikatesse« handelte es sich um die Nicotiana, also die Tabakpflanze, die Kolumbus mit nach Europa brachte und den Europäern, bald danach auch der ganzen Welt, ein neues Genusserlebnis bescherte.

Nur zwei Tage später findet sich in seinem Bordbuch eine kurze Bemerkung über die aus europäischer Sicht ungewöhnlichen Schlafplätze der Einheimischen, eine Entdeckung, die für die Seefahrt eine erhebliche Verbesserung des Lebens an Bord mit sich bringen sollte: »Ihre Betten sehen aus wie Netze aus Baumwolle.« Also haben nicht Seeleute, sondern Landratten die Hängematte erfunden. Ethnologen vermuten, dass sich die ersten Indianer schon vor 20 000 Jahren durchs Dickicht zwischen Amazonas und Orinoko schlugen und dabei die Hängematte bereits im Gepäck hatten. Sie ist, wie es aussieht, die eigentliche Wiege der Menschheit. Nach ihrer Entdeckung verbreitete sich der Gebrauch von Hängematten auf Schiffen schnell – aus Raumnot, hygienischen Gründen und praktischen Erwägungen. »Hier, an den Gestaden der Neuen Welt«, schrieb der Journalist Maik Brandenburg, »erhob sich die christliche Seefahrt endlich aus dem Dreck.«

Mit den Schlafgewohnheiten der Katze waren die Europäer schon lange vertraut. »Katzen sind nie müde. Entweder sind sie wach oder sie schlafen.« Diese Beobachtung des Dramatikers und Regisseurs Jan Neumann trifft natürlich auch auf Schiffskatzen zu. Mag das Leben an Bord noch so abwechslungsreich und abenteuerlich sein, Schiffskatzen verschlafen – wie ihre Landgefährten – etwa zwei Drittel ihres Lebens. Die meisten Seefahrer werden bei dieser luxuriösen Verschwendung von Lebenszeit eine Mischung aus Neid und Respekt empfunden haben. Und sie werden bald nach der Einführung der Hängematte auf die Idee gekommen sein, diese im Miniaturformat für ihre Schiffskatzen anzufertigen. Zuverlässige Dokumente über Hängematten für Schiffskatzen tauchen allerdings erst zu Beginn des 20. Jahrhunderts auf.

Und hier ist vor allem Nigger zu nennen, Schiffskater auf der Terra Nova, mit der Robert Falcon Scott am 1. Juni

1910 in See stach, um als erster Mensch den Südpol zu betreten. Durch den Biologen Dr. Edward Wilson, der Scott als wissenschaftlicher Mitarbeiter begleitete und mit diesem und drei anderen Forschern im Januar 1912 bei der waghalsigen Expedition ums Leben kam, sind wir über Nigger gut informiert. Wilson hatte sich mit dem schwarzen Kater angefreundet und einiges über ihn und seine Hängematte niedergeschrieben: »Nigger hat seine eigene Hängematte bei den Seeleuten unter dem Vorschiff. Eine echte Matrosenhängematte mit kleinen Decken und einem hübschen Kissen darauf, darüber Decken zum Zudecken. Er hat es tatsächlich gelernt, auf die Hängematte zu springen und unter die Bettdecke zu kriechen, mit seinem Kopf auf dem kleinen Kissen.« Auf einem Zwischenstopp in Melbourne erhielt Scott Besuch von einem bedeutenden Admiral der englischen Kriegsmarine. Als diesem das Schiff gezeigt wurde, kam der hohe Offizier mit seiner Delegation auch an Niggers Hängematte auf dem Vorderdeck vorbei. Wilson vertraute seinem Tagebuch augenzwinkernd an, dass der Admiral sehr belustigt war, als Nigger in diesem Moment seine Augen öffnete und den Admiral unbeeindruckt betrachtete, gähnte und eine Vorderpfote streckte, um schließlich die Augen wieder zu schließen. »Das war eine wirklich amüsante Vorstellung, und sie erfreute den Admiral und seine Offiziere mehr als alles andere«, hielt Wilson fest.

An Bord geboren

Amüsant wurde es für die Seefahrer immer dann, wenn Katzen an Bord zur Welt kamen. Und das geschah häufig, wie

zahlreiche Berichte belegen. Der 1944 mit dem Literaturno-
belpreis ausgezeichnete dänische Schriftsteller Johannes Vilhelm Jensen wurde 1873 als Sohn eines Tierarztes geboren
und unternahm nach seinem Studium lange Reisen mit
Aufenthalten in den USA, Großbritannien und Frankreich.
In einer autobiographischen Erzählung mit dem Titel *Katzenkinder* berichtete er über seine Schiffsreise von Hamburg
nach Port Said. Die Schiffskatze hatte kurz vor dem Auslaufen Junge bekommen. Es war ihr vierter Wurf an Bord des
Schiffes, auf dem sie vier Jahre zuvor in Australien angeheu-
ert hatte. Johannes Vilhelm Jensens Text ist in Bezug auf die
Vielfalt seiner Informationen und seine literarische Qualität
ein außergewöhnlich ergiebiger Fundus zur Schiffskatze. So
detailreich und genau beobachtend hat kaum ein anderer
Chronist das Bordleben der Schiffskatze beschrieben.

Ausführlich schildert der Literaturnobelpreisträger, wie
die Seeleute und die Katzen auf der Fahrt nach Port Said
miteinander gespielt haben: »Ungefähr eine Woche später,
als wir in der spanischen See liegen, hört man am Morgen
laute Ausgelassenheit von der Pantry her, raue Stimmen,
Schiffsjungen und rohe Gesellen, die beim Steward aus und
ein gehen. Und beim genauen Hinsehen stellt sich heraus,
dass der Steward einen Korken mit einer Schnur an die Tür-
klinke gebunden hatte. Noch ein wenig unsicher auf den
Beinen, steht eins der Jungen aufrecht an der Tür und gibt
dem Korken kleine Ohrfeigen mit dem Pfötchen, zur allgemeinen Heiterkeit dieser rauen Brüder, die sich vor Lachen
schütteln und schuldbewusst dreinschauen, als sie entdeckt
werden […] Dort auf der Luke ist ein wirkliches kleines Para-
dies. Die zwei Jungen spielen in der Sonne, ein wenig tol-
patschig noch, doch schon mit der eleganten Grazie der Kat-

zen. Sie kugeln umher, wenn sie nach etwas schlagen, und will man sie streicheln, bekommt man von der klitzekleinen Pfote einen Schlag wie von einer Daune. Und die Mutter schaut mit diesen schwefelgelben Augen zu, in denen die Pupillen senkrechte Spalten sind, Krokodilsaugen, in denen die stumme Machtlosigkeit steht. Es sieht aber so aus, als ob Welt und Menschen sie und ihre Kinder schonen wollten. Sich selbst lässt Miss aber nicht streicheln, sie weicht leicht aus, wie ein Schatten. Sie ist Australierin und wünscht nicht, berührt zu werden. Das Raubtier ist auch bei den kleinen Biestern zur Stelle. Der Steuermann kommt vorbei und legt geschabtes Fleisch für die Abgötter auf die Luke. Und die Jungen, so klein sie noch sind, bemerken sofort den Blutgeruch. Sie hauen ihre spitzen Zähne ins Fleisch und ziehen sich knurrend mit ihrem Raub zurück. Und als der Steuermann – der Spender der Gaben – dieses Geschöpf Gottes streicheln will, haut es ihm fünf nadelfeine Krallen in den Zeigefinger, so dass er es erst hoch in die Luft halten muss, bevor es seinen Finger freigibt. Jubel auf der Luke – und auch der Steuermann ist ganz entzückt und begeistert über die Tüchtigkeit des kleinen Tigers.«

Dieser Text zeigt sehr anschaulich, dass die Katzen bei den Seefahrern nicht nur wegen ihrer Nützlichkeit beliebt waren. Bis auf die wenigen Offiziere eines Schiffes mussten sich alle anderen Seeleute an Bord einem äußerst streng geregelten Tagesablauf und Verhaltenskodex unterwerfen, dessen Missachtung teils drastisch bestraft wurde. Und der Umgang der »rohen Gesellen« untereinander war hierarchisch strukturiert und wird nur in Ausnahmefällen als freundschaftlich bezeichnet werden können. Die Katze dagegen ist eine Einzelgängerin, die sich nichts befehlen lässt und niemandem gehorcht. Sie schläft den halben Tag und erledigt ihre Arbeit in spielerischer Manier, ja, fast freudig. Wenn ihr danach ist, sucht sie die Nähe des Menschen, lässt sich von ihm streicheln. Die Katze ist in ihrem Wesen und Verhalten das komplette Gegenteil des Seemanns. Der Seemann kann sie streicheln, mit ihr reden, spielen und sie füttern – und das alles, ohne dabei aus seiner sozialen Rolle zu fallen. Nachdem die Katze von ihrem Ruf als Hexentier und Teufelsbote weitgehend befreit war und ihr Freiheitswille und Eigensinn von den Menschen positiv bewertet wurden, hatte sie es leicht, ihre Seefahrer um die Pfote zu wickeln.

Manchmal hatte die Schiffskatze allerdings unter den Marotten der Menschen zu leiden. Nicht immer erfreuten sich die Seefahrer am zweckfreien Spiel mit der Katze. Der Berliner Ägyptologe Heinrich Brugsch unternahm 1853 seine erste Nilreise und veröffentlichte seine Erlebnisse während dieser Fahrt 1855 unter dem Titel *Reiseberichte aus Ägypten*. Sein Schiff befand sich auf der Höhe der Tempelanlage vom Kom Ombo, als ihm das Verhalten der Mannschaft bemerkenswert erschien: »Da hier das engere Vaterland meiner nubischen Matrosen war, so konnte ich mir bald die fröhliche Geschäftigkeit der guten Leute erklären, welche sich den Tag über mit zubereiteter Henna die Nägel und inneren Handflächen rot gefärbt hatten und ihre Freude so weit trieben, dass sie selbst die weiße Schiffskatze diesem Färbprozess unterwarfen, ohne dass es ihr, so schien mir wenigstens, besonders behaglich zu Mute gewesen wäre.«

Doch kommen wir noch einmal auf Jungkatzen an Bord zurück. Die auf Kreta geborene Autorin Ioanna Karystiani hat mit ihrem Roman *Die Augen des Meeres* ein Buch geschrieben, in dem Schiffskatzen auf fast jeder Seite über die Planken schleichen. An einer Stelle des Buches beschreibt sie, dass Katzengeburten auf Schiffen nicht immer nur Freude auslösen, sondern auch zum Problem werden können: »Vor vier Jahren hätten zehn Männer der Mannschaft jeder eine Katze besessen, und als die Hälfte davon je drei bis vier Junge warf, insgesamt neunzehn, sei ein richtiger Zoo draus geworden. Aus jeder Ecke des Frachters habe es miaut, der Smutje sei außer sich gewesen, weil sie in die Speisekammer eindrangen und überall ihre Haare zurückließen.«

Einen Tatsachenbericht zur feliden Überbevölkerung eines Schiffes hat der bereits zitierte Reiseschriftsteller Alexander Rumpelt in seinem Zeitschriftenartikel »Frühlingstage am Mittelmeer« gegeben: »Nicht minder waren die vielen Schiffskatzen – etwa dreißig an der Zahl –, die einem immerfort in den Weg liefen, ein Gegenstand der Freude und Kurzweil. Drei kleine weiße Kätzchen sah man immer vereint. Diese wohnten in den Lagerräumen des Zwischendecks. Kamen sie hervor, so putzten sie sich die Pfötchen, haschten sich oder spielten mit einem alten Tauende. Wurde ausgeladen, so verloren sie ihre Wohnung auf kurze Zeit. Sie flohen dann einstweilen hinter einen sicheren Lattenverschlag, sahen aber zwischen den Spalten der Arbeit gar aufmerksam zu und bezogen nach erfolgter Einladung ihre Wohnung aufs neue.«

Bleiben wir noch einen Augenblick in Griechenland. Mit der Geschichte, die der englische Reiseschriftsteller Patrick Leigh Fermor in seinem Buch über *Mani*, einen Landstrich an der Südküste des Peloponnes, erzählt, betreten wir den schwankenden Boden der Religion. Fermor war zweimal Zeuge, wie sich die Abfahrt eines Schiffes verzögerte, weil man erst die Schiffskatze »zwischen dem Unrat und den Fischabfällen am Kai« aufstöbern musste. Und dennoch schien sich nicht jeder griechische Kapitän beim Kampf gegen die Mäuse allein auf Katzen verlassen zu wollen: »Eine Geschichte, die mir mein alter Freund Tanty Rodocanaki erzählte […] Wie es scheint, gab es einmal einen Kapitän, der, beunruhigt über die Rattenplage auf seinem Kaik, einen Priester zu Hilfe rief und ihn bat, sie mit einer speziellen Zeremonie zu vertreiben. Der Priester stimmte die passenden Gesänge an, vernebelte das Schiff vom Bug bis zum Heck mit Weihrauch und besprengte es mit Weihwasser. Nachdem er sein Honorar kassiert hatte, versicherte er dem Kapitän, er werde keinen weiteren Ärger mit dem Ungeziefer haben, das Ritual habe noch nie versagt. ›Aber einen Rat habe ich noch‹, sagte er. ›Welchen, Vater?‹ Der Priester neigte sein bärtiges Haupt und flüsterte dem Schiffer ins Ohr: ›Schaff dir eine Katze an.‹ Seitdem bedeutet der Ausdruck ›eine Katze anschaffen‹ in Seemannskreisen, dass man auf Nummer Sicher geht.«

Wenn bisher der Eindruck entstanden sein sollte, Schiffskatzen wären bei Seeleuten immer beliebt gewesen, so muss dieser jetzt ein wenig korrigiert werden. Dabei spielen abergläubische Vorstellungen, die ja bekanntlich unter Seefahrern weit verbreitet waren, eine wichtige Rolle. Der Aberglaube schafft sich Instrumente, mit denen das Unbeherrschbare, das Unvorhersehbare und das Unvermeidbare scheinbar steuerbar werden. Seeleute, den Naturgewalten oft schutzlos ausgeliefert, sind deshalb für Rituale, die Schaden abwenden, besonders empfänglich.

»Der Fischer nimmt vieles nicht gern an Bord, unter anderem Priester und Katzen«, heißt es in dem 1888 erschienenen Buch *Seespuk* von Paul Gerhard Heims. Der »Pfarrer zur See« musste sich bei seinen Recherchen zum Aberglauben und zu Sagen und Legenden der Seefahrt »möglichst unstandesgemäß gekleidet, wochenlang und länger in den Matrosenschänken umhertreiben, mit einer Menge Zigarren und einigem Kleingeld versehen, um durch Tabacks- und Grogspenden unangefochten unter den Theerjacken zu sitzen, ihnen zuzuhören und sie gelegentlich auszufragen.« Dabei hat der dem Seemannsvolk »aufs Maul« schauende Pfarrer allerlei Seemannsgarn aufgespult und beispielsweise erfahren, dass sich Katzen an Bord nicht ungeteilter Freude sicher sein dürfen. Bei manchen Seefahrern heißt es sogar, Katzen »tragen Sturm im Schwanz«. Und das bedeutet: Je agiler eine Katze ist, je ausgiebiger sie spielt, desto trüber sind die meteorologischen Aussichten. Besser ist es also, man lässt sie erst gar nicht an Bord. »Fraglich aber ist es, was man mit ihnen anstellen soll, wenn man sie einmal hat. Sie ins Wasser zu werfen ist bei Windstille manchmal gut, denn der Prozedur folgt häufig eine angenehme Brise. Die Sache kann aber auch höchst bedenklich werden; denn man hat Beispiele, dass auf den Mord an einer Katze die schwersten Stürme gefolgt sind. So wird erzählt, dass ein Mann an

Bord eine Katze erschlagen hatte und man ihn deshalb für den eigentlichen Missetäter [für das Aufkommen eines schweren Sturmes] hielt.« Heims kolportiert auch, »dass es gutes Wetter bedeutet, wenn sie sich über beide Ohren putzt, und schlechtes, wenn nur über eins«.

Der amerikanische Tierarzt Howard Schulberg hat in seinem Buch *Deine Katze und du* aus dem Jahr 1961 einen »authentisch berichteten« Fall geschildert, in dem zwei Schiffskatzen auf einem Trampdampfer die Hauptrolle spielen. Die Matrosen ängstigten sich, weil beide Katzen »wilde Anstrengungen unternahmen, um an Land zu gelangen, und es endlich auch schafften, auf den Kai hinunterzuspringen. Sie rannten zu einem in der Nähe vor Anker liegenden anderen Schiff, verschwanden im Laderaum und hielten sich dort verborgen, bis ihr angestammtes Schiff wieder in See stach. Der Aberglaube der Matrosen, dass Katzen ihr Schiff nur verlassen, wenn es dem Untergang geweiht ist, behielt recht; das ihrige stieß noch am selben Tag mit einem anderen Frachtschiff zusammen und sank binnen weniger Stunden.«

Auch die japanischen Seefahrer trauen ihren Schiffskatzen allerhand zu. Dort gelten vor allem dreifarbige Katzen – schwarz, weiß und braun – als Glücksbringer. Ihnen wird eine perfekte Wettervorhersage zugetraut, und sie sollen auch durch Zauberkräfte befähigt sein, ungünstiges Wetter vom Schiff fernzuhalten. Sobald ein Sturm im Anzug sei, heißt es, würden diese Katzen auf den Mast klettern und durch Zauberkräfte fähig sein, die Unwetter in der Ferne zu halten und zu bannen. Ferner schützen sie nach traditioneller Auffassung die Schiffe vor den auf den Schaumkronen der Wellen umherirrenden Seelen Schiffbrüchiger. Noch im 20. Jahrhundert bezahlten japanische Kapitäne oder Schiffs-eigner fast jeden Preis, um in den Besitz eines der seltenen glücksfarbenen Tiere zu kommen.

Dem australischen Expeditionsfotografen Frank Hurley verdanken wir das einzige Foto, auf dem Mrs. Chippy deutlich zu erkennen ist. Der Kater sitzt auf der Schulter von Perce Blackborow, der als blinder Passagier an Bord der Endurance kam und zu Mrs. Chippys engsten Vertrauten zählte.

MRS. CHIPPY

Mit dem Ziel, als Erster den antarktischen Kontinent auf dem Landweg zu durchqueren, verließ der Polarforscher Sir Ernest Shackleton am 8. August 1914 auf der HMS Endurance den Hafen von Plymouth. Die offiziell »Imperial Trans-Antarctic Expedition« genannte Unternehmung war die letzte Expedition des sogenannten Goldenen Zeitalters der Antarktis-Erforschung. Mit an Bord befand sich ein mittelgroßer, graugetigerter Kater mit bemerkenswert kräftigen Pfoten und auffällig langen Schnurrbarthaaren, der Mrs. Chippy gerufen wurde. Der offizielle Schiffskater der Expedition war mit dem Schiffszimmermann Henry McNish an Bord der Endurance gekommen. Wie dieser stammte der Kater aus der kleinen Ortschaft Cathcart in der Nähe von Glasgow. Seinen Namen verdankte er McNish, der ebenfalls Chippy genannt wurde – damals der übliche Spitzname für einen Schiffszimmermann. Warum der Kater als »Mrs«. tituliert wurde, ist nicht bekannt. Mrs. Chippy wurde von mehreren Expeditionsmitgliedern von Anbeginn der Reise als »Dame mit Charakter« beschrieben und avancierte schnell zum Liebling der Mannschaft.

Obwohl Shackleton und der Expeditionsfotograf Frank Hurley den Kater in ihren Berichten über die letztlich gescheiterte Expedition mit keinem Wort erwähnen, sind wir durch andere Mannschaftsmitglieder über Mrs. Chippy gut informiert, wesentlich besser jedenfalls als über viele andere Schiffskatzen auf Expeditionsreisen.

Es existieren zwei Fotografien von Mrs. Chippy. Eine zeigt ihn mit hochgestellten Ohren und aufmerksamem Blick auf der rechten Schulter von Perce Blackborow sitzend, einem blinden Passagier, der sich in Buenos Aires auf die Endurance geschlichen hatte und nach seiner Entdeckung als Steward und Kombüsenhilfe beschäftigt worden war. Zu dem Katzenliebhaber hatte Mrs. Chippy eine besondere Zuneigung gefasst. Der Fotograf Frank Hurley berichtet in seinem Erinnerungsbuch *Die Schicksalsfahrt der Endurance* Folgendes von der Entdeckung des blinden Passagiers: »Die Mannschaft ist gerade damit beschäftigt, ihre Fracht sicher an Deck zu verstauen, als Hurley plötzlich einen Stiefel bemerkt, der zwischen den Kisten und Fässern herausragt. In der Angst, es könnte jemand vom Frachtgut erschlagen worden sein, beeilt er sich, dieses wegzuräumen und nachzuschauen. Zu unserer Überraschung bewegte der Stiefel sich plötzlich. Crean griff danach und zog kräftig. Da kam ein anderer Stiefel zum Vorschein, gleich darauf hörten wir eine gedämpfte Stimme: ›Ist ja schon gut, lasst los, ich komm' raus.‹ Zuerst tauchten die Stiefel auf, dann wand sich ein Körper hervor, und schließlich ein Kopf. Es war ein junger blinder Passagier. Wir halfen ihm, sich zu befreien, aber dann folgte zu unserem großen Erstaunen ein weiterer blinder Passagier, ein Kumpel des ersten – eine schwarze Katze.« Als Ernest Shackleton den Jungen vernahm, tat die Katze das ihre, um ihn milde zu stimmen. Sie schnurrte und strich zufrieden um Sir Ernests Beine herum, »wie um der Bitte ihres Freundes Nachdruck zu verleihen«. Über das weitere Schicksal dieser schwarzen Katze ist nichts bekannt. Vermutlich wurde sie am nächsten Haltepunkt der Endurance in Südgeorgien ausgesetzt. Perce Blackborow, der blinde Passagier, blieb an Bord. Auf der zweiten Fotografie sieht man den Schiffskoch Charles J. Green beim Abhäuten einer Robbe. Mrs. Chippy liegt etwas verschattet, aber sichtlich erwartungsvoll zu seinen Füßen, die linke Vorderpfote ausgestreckt. Auch der Schiffskoch gehörte zum engeren Freundeskreis des Schiffskaters.

Mrs. Chippy scheint mit einem ungewöhnlichen Durchhaltevermögen und Mut ausgestattet gewesen zu sein. In seinem Tagebuch beschreibt Thomas Orde-Lees, der auf der Endurance als Maschinenexperte und Proviantmeister fuhr, fünf Wochen nach dem Start der Expedition in England am 13. September 1914 diese dramatische Begebenheit: »Heute Nacht kam es zu einem ungewöhnlichen Zwischenfall. Die Tigerkatze, Mrs. Chippy, sprang durch ein Bullauge über Bord, und der wachhabende Offizier, Lt. Hudson, der sie miauen hörte, wendete geistesgegenwärtig das Schiff und fischte sie heraus. Mrs. Chippy muss sich gut zehn Minuten oder noch länger über Wasser gehalten haben.« Am 21. November 1914 notiert er anlässlich der Einschiffung von zwei Schweinen auf der Insel Südgeorgien, Mrs. Chippy habe »sehr verdutzt auf das Schwein reagiert« und sei »überhaupt nicht klug daraus geworden«.

Auf der Fahrt von Südgeorgien zur Antarktis konnte die Schiffsmannschaft immer wieder beobachten, wie Mrs. Chippy an Deck provozierend über die Dächer der Hundehütten stolzierte und damit die halbwilden Schlittenhunde in rasende Wut versetzte, die in Kanada gemeinsam mit Wölfen aufgezogen worden waren. Diese äußerst gefährliche Lieblingsbeschäftigung des Katers, der sich allerdings vor einem solchen Spaziergang genau vergewisserte, dass die Hunde fest angeleint waren, flößte der gesamten Mannschaft höchsten Respekt ein. Der Meteorologe Leonard Hussey erinnerte sich an die waghalsigen Balanceakte: »Mrs. Chippy machte sich einen Spaß daraus, über die Zwingerdächer zu

paradieren, knapp außerhalb der Reichweite der Hunde, see-
lenruhig, ja beinahe spöttisch, ohne sich durch den Radau
auch nur im geringsten stören zu lassen.« Er habe den Eindruck, bemerkte Hussey, Mrs. Chippy habe den angeketteten
Hunden seine Freiheit demonstrieren wollen.

Am 16. Januar 1915 gelang den Männern der Endurance
der Abschuss einer drei Meter langen Krabbenfresserrobbe.
Das gab frisches Fleisch nicht nur für die Mannschaft und die
Hunde, sondern auch für Mrs. Chippy, wie ausdrücklich berichtet wird. Zwei Tage später begann sich das Scheitern der
Expedition bereits abzuzeichnen. Kurz vor der antarktischen
Küste, das Ziel schon vor Augen, wurde die Endurance von
tiefem Packeis eingeschlossen und trieb nordwestlich ab. Im
März ließ Shackleton auf der riesigen Packeisscholle neben
der Endurance für die Schlittenhunde Iglus bauen. Auch die
Schweine wurden von Bord gebracht. Außer der Mannschaft durfte nur Mrs. Chippy an Bord bleiben. Die Schweine hatten nicht mehr lange zu leben. Im April wurden sie
geschlachtet, und Mrs. Chippy erhielt einen gehörigen Anteil. Alle Quellen über die Fahrt der Endurance, in denen
der Schiffskater erwähnt wird, berichten voller Anerken-
nung, Respekt und Zuneigung über Mrs. Chippy. Der Kater konnte sich vor Beliebtheit kaum retten. Doch Mrs.
Chippy, das von allen geschätzte Maskottchen des Schiffes,
sollte die Expedition nicht überleben. Sein tragisches Ende
gehört zu den traurigsten Kapiteln in der Geschichte der
Schiffskatze.

Nach 281 Tagen und 1 500 Meilen Driftfahrt zerbrach das
Schiff am 27. Oktober 1915 unter dem mächtigen Druck des
Eises. Danach entschied Shackleton, mit den drei geretteten
Beibooten zum Rand der riesigen Packeisscholle vorzudrin-

gen und zu versuchen, die Insel Paulet zu erreichen. Auf diesem gefährlichen Weg, beschloss Shackleton, konnten sie weder die drei auf dem Schiff geborenen Welpen noch Mrs. Chippy mitnehmen. Nur die Tiere, die in der Lage waren, Schlitten zu ziehen, konnte man unterwegs ernähren. Der Kapitän der Endurance, Frank A. Worsley, führt in seinem 1931 erstmals erschienenen Bericht über das Scheitern der Expedition zwei weitere Gründe an, die Shackleton bewogen haben sollen, diese Entscheidung zu treffen: Um den Schlittenhunden das Ziehen der schweren Boote auf dem Eis so leicht wie möglich zu machen (und damit Futter zu sparen), durfte nur zugeladen werden, was zum Erreichen des rettenden Zieles unbedingt notwendig war. Shackleton selbst demonstrierte seinen Männern den Ernst der Situation, indem er seine goldene Armbanduhr, ein goldenes Zigarettenetui und Goldmünzen auf das Eis warf und dort zurückließ. Der zweite Grund war das gespannte Verhältnis zwischen Mrs. Chippy und den halbwilden Hunden. Worsley schreibt, dass Mrs. Chippy sie vielleicht sogar hätte begleiten können, doch »ohne den Schutz des Schiffes wäre er sicherlich von den Hunden gefressen worden«.

Chronisten berichten, dass nach Shackletons Anweisung wohl eine Minute lang niemand ein Wort sagte. In das Schweigen hinein bemerkte der Schiffszimmermann Henry McNish, der den Kater mit an Bord gebracht hatte, mit heiserer Stimme: »Mrs. Chippy ist das Schiffsmaskottchen.« »Wir haben kein Schiff mehr«, soll Shackleton darauf geantwortet haben. Und die Mannschaft folgte seinem Befehl.

Die amerikanische Autorin Caroline Alexander hat das traurige Geschehen des 30. Oktober 1915 kurz vor dem Abmarsch der Seeleute in ihrem umfangreichen Buch über die letzte Fahrt der Endurance so beschrieben: »Um 14:55 Uhr erschoss Crean die drei Welpen und Mrs. Chippy. McLean wurde es überlassen, seinen Hund Sirius, der nie im Geschirr gegangen war, zu erschießen. Sirius war wie immer freundlich und sprang auf McLean zu, um ihm die Hand zu lecken, die so zitterte, dass er danebenschoss und zwei weitere Schüsse benötigte, um die Angelegenheit zu Ende zu bringen. Der Klang der Schüsse auf dem Eis legte sich wie ein Leichentuch über den Marsch.«

Nach dem Abenteuer auf der Endurance fuhr Henry McNish wieder zur See und ließ sich später im Hafen von Wellington in Neuseeland nieder, wo er als Held gefeiert wurde. Doch er verarmte und verfiel dem Alkohol. Berichten zufolge konnte er Shackleton bis zu seinem Tod nicht verzeihen, dass dieser Mrs. Chippy hatte erschießen lassen.

Die Gegend um die Insel Paulet war für Schiffskatzen offenbar ein lebensgefährliches Gebiet. Bereits im Jahr 1903 erlitt die Antarctic der schwedischen Antarktisexpedition unter der Leitung von Otto Nordenskjöld mit seinem Kapitän Carl Anton Larsen ein ähnliches Schicksal wie die Endurance: Sie wurde vom Treibeis zermalmt. Der Botaniker Carl Johan Fredrik Skottsberg schilderte in seinem Beitrag zum Expeditionsbericht *Antarctic – Zwei Jahre in Schnee und Eis am Südpol* diese Evakuierungsszene, die sich am 12. Februar 1903 etwa vierzig Kilometer von der Insel Paulet entfernt im Packeis zutrug: »Starr vor Entsetzen, wurden die Katzen auf das Eis hinabgetragen und in eins der Boote gesetzt. Die armen Tiere, bei all der Unruhe des letzten Monats hatten sie ihr Recht gar nicht bekommen, sie waren ganz eingeschüchtert. Wir erwarteten, dass sich die Ratten zeigen sollten, sobald ihnen die Füße nass wurden, aber nicht eine einzige wurde sichtbar, obwohl sie nach Hunderten zählten.«

Sechzehn Tage später tat sich plötzlich eine Fahrrinne vom Packeis zur nahen Insel Paulet auf, und die Männer beluden die Beiboote bis zum Rand: »Niemand wollte etwas zurücklassen, alles wurde in die Boote hineingepackt, bis sie schließlich so voll waren, dass bei der geringsten Bewegung das Wasser hineinlief. Nur die leiseste Welle draußen im offenen Wasser, und wir waren verloren.«

Nun, die Männer hatten Glück, erreichten die Insel und wurden neun Monate später von einem Bergungsschiff aufgenommen und in die Heimat gebracht. Und die Katzen, die Skottsberg so bemitleidet hat? Kein Wort mehr über sie in dem Bericht. Die Katzen sind entweder auf dem Packeis zurückgelassen oder dort erschossen worden. Die Überlebenschancen von Expeditionskatzen waren in der Südpolregion gering.

Im Sturm auf hoher See

Das Leben der Schiffskatzen war – wie das der Seeleute – oft schwer und entbehrungsreich. Vor allem bei hohem Seegang, Sturm oder gar Orkan hatten die Matrosen zumeist andere Sorgen, als sich um die Schiffskatze zu kümmern. Einen Eindruck von der ungeheuren Gewalt, die ein stürmischer Seegang auf Mensch und Tier ausüben konnte, gab ein deutscher Legionär in einem anonymen Bericht aus dem Jahr 1826: »Unbarmherzig ward ich zu Boden geworfen. Manche Sachen wurden zertrümmert, die Pferde machten ein ungewöhnliches Getöse, und das Schiff selbst knarrte in allen Fugen. Die Schiffer machten ungeheure Anstrengungen, um die wenigen Segel einzuziehen, wobei sie oft das Stehen verloren und ihre Arbeit halb liegend verrichten mussten. Dieses Hin- und Herfallen der Schiffer, ihr unaufhörliches Schreien und Rufen, und selbst das ängstliche Miauen der Schiffskatzen vermehrten das Grauenvolle unserer Lage. Die Meereswellen schlugen über die höchsten Teile des Schiffes hinweg, kein Licht wollte in der Kajüte mehr brennen, und ich konnte mich im Bette nicht mehr erwärmen; so durchdrang die Bewegung der Luft alle Türen, Fenster oder Ritzen des Fahrzeuges.«

Etwas ausführlicher soll hier der frühexpressionistische Schriftsteller Max Dauthendey zu Wort kommen, der in seinem Buch *Raubmenschen* 1911 eindringlich von einem Sturm auf seiner Reise nach Mexiko berichtete und dabei seiner etwas dekadenten Todessehnsucht freien Lauf ließ: »Nun war ich bald einer, der den Sturm auswendig kannte. Ich hatte mich in das Bombardement eingelebt; es hatte einen Takt, einen Rhythmus, und ich wusste genau, welche Geräusche, welche Bewegungen, welche Donnerstärke zu jedem neuen Takt der Höllenmaschine draußen gehörte. Ich trank Champagner für mich allein, auf dem langen Sofa ausgestreckt, umgeben vom rasselnden Geklirr der Tellerhaufen, die durch den ganzen Speisesaal der Diele wie ein Haufe altes Eisen hin und her fuhren und knirschten.

Furchtbar drückend war die eingesperrte Luft im Schiff, gleichsam zusammengepresst von den Wellen draußen; man fühlte den Druck des Wassers, als wäre man mit dem Schädel in einen Schraubstock eingeklemmt. Ich stand auf und versuchte die Tür oben auf der Saaltreppe zu öffnen; der Steward hatte abgeschlossen. Aber als ich den Riegel aufdrückte, warf mich ein breiter Wasserstrom von der Tür in den Saal zurück und übergoss mich mit eisiger Salzlake. Die Tür schloss sich knallend von selbst wieder, und ich setzte mich auf das Tischende, um nicht mit den Beinen durchs Wasser waten zu müssen. Der Tod klopfte zwar draußen an die Türen, aber er zögerte und ermüdete mich durch sein Ausbleiben. Wie ich eben vom Tisch springen wollte, fühlte ich, dass mich jemand an der Schulter berührte. Etwas ganz Weiches, Zartes streichelte mein Ohr.

Ich lag mit aufgestemmten Ellenbogen auf der Tischplatte ausgestreckt, ich wäre beinahe bei der Berührung erschrocken. Es war die Schiffskatze, die im Dunkeln mit ihren drei Jungen, die sie neulich während der Fahrt im Golf von Mexiko geboren hatte, auf der langen Tischplatte jetzt zu mir heranspazierte. Sie saß wahrscheinlich auch am liebsten auf dem Tisch, weil ihr der Fußboden zu überschwemmt war. Sie begann zu schnurren, und ihre drei Kätzchen schnurrten wie die Alte und umstrichen mich und waren lebensjung und sanft und lebenswarm, mit zartem, warmem Blut in den elastischen, schmächtigen, kleinen Körpern.

›Leben kommt, junges Leben, das den Todsucher anschnurrt, und das gestreichelt werden will!‹ sagte ich zu mir. Und ich liebkoste die ganze Katzenfamilie und wurde wiederum von ihr liebkost. Warum war ich vorhin beinahe brutal zu der einsamen jungen Frau gewesen? So wie die Katzenfamilie, die sich jetzt auf meinem Schoß zusammengekauert hat und die beruhigt schnurrt und einschläft – so hätte ich die kranke Frau wie mein eigenes Stück Leben in den Arm nehmen und hätte sie lieben und beruhigen sollen.«

Der 1857 geborene polnische Schriftsteller Joseph Conrad ging im Alter von siebzehn Jahren nach Marseille, um Seemann zu werden. Nach sechzehn Jahren als Matrose, Offizier und Kapitän erlitt er an Bord eines Flussdampfers im Kongo einen schweren Fieberanfall, quittierte den Dienst und begann sein erstes Buch zu schreiben. In fast allen seinen zahlreichen Romanen verarbeitete er seine Erfahrungen an Bord der Schiffe, die ihn um die ganze Welt gebracht haben. Über den wohl fürchterlichsten Orkan seines Lebens berichtete er in seinem Roman *Der Nigger von der Narzissus*. Nach seiner Erfahrung musste die Bordkatze in dieser chaotischen Situation selbst sehen, wo sie blieb. Nach dem Sturm, als sich die See endlich beruhigt hatte, war das Schiff erheblich beschädigt, die Vorräte verschwunden und die Habseligkeiten der Matrosen über Bord gegangen oder arg demoliert. Grund zur Freude gab lediglich der Schiffskater Tom, der zur Überraschung aller plötzlich auftauchte. »Die Katze kam irgendwo heraus und wurde mit Hallo begrüßt. Man reichte sie von Hand zu Hand, streichelte sie und gab ihr Kosenamen. Sie fragten sich, wo die Katze wohl den Orkan ›abgeritten‹ habe, und diskutierten darüber. Zwei Mann brachten eine Pfütze Frischwasser herein, und alle drängten sich um sie herum. Aber Tom zwängte sich miauend und mit gesträubtem Fell vor und trank als erster.«

Das Schicksal einer anderen Schiffskatze während eines Orkans ist mit dem Namen Horatio Nelson verbunden. Der hochdekorierte Admiral der englischen Flotte – seit 1798 Baron of the Nile, seit 1800 Herzog von Brontë, seit 1801 Viscount –, der am 21. Oktober 1805 im Alter von sieben-unddreißig Jahren die Seeschlacht gegen die französisch-spanische Armada bei Trafalgar für England entschied und dabei fiel, hatte »von dem Tag an, an dem er zum erstenmal das Kommando eines Schiffes führte, außer der Schiffskatze noch eine besonders für ihn bestimmte an Bord«. Dies berichtet Ehm Welk in seinem Buch *Die wundersame Freund-schaft*. An seiner bekannten Zuneigung zu Katzen soll sogar die erste Ehe des Admirals gescheitert sein. Jedenfalls wird überliefert, dass seine Frau als Scheidungsgrund vor Gericht die »Affenliebe des Lords für Katzen« nannte. Nelson geriet kurz vor seinem letzten Waffengang nahe der französischen Küste in einen Orkan und lief mit seinem Schiff auf einen Felsen auf. Viele Besatzungsmitglieder gingen dabei über Bord, und das Schiff drohte jeden Moment auseinanderzu-brechen. Am folgenden Morgen kam eine Fregatte zu Hilfe und nahm die Überlebenden des Unglücks auf. Wie es sich für einen Kapitän gehört, ging Nelson als Letzter von Bord, fragte dann aber, sichtlich erregt von den Geschehnissen der

Nacht, sicherheitshalber nach: »Fehlt jemand?« – »Eurer Exzellenz Katze ist nicht da!«, erhielt er von einem Offizier zur Antwort. Daraufhin ging Nelson noch einmal zurück auf das gefährdete Schiff, fand die Katze im Ruderhaus und brachte sie in Sicherheit.

Felix Graf von Luckner wurde von vielen ebenfalls als Kriegsheld gefeiert, aber nur in Deutschland. Als Kapitänleutnant hat er im Ersten Weltkrieg mit seinem Hilfskreuzer Seeadler um die zwanzig feindliche Kriegsschiffe versenkt. Die genaue Anzahl ist bis heute umstritten. Im Verlauf dieser Aktionen kam kein einziger Seemann ums Leben. Der Katzenfreund Graf von Luckner kümmerte sich aber auch um die feilden Besatzungsmitglieder, wie er in seinen Erinnerungen *Aus siebzig Lebensjahren* mitteilte: »Ich ließ sogar die Schiffskatze von jedem gekaperten Schiff holen, bevor ich den Befehl zur Versenkung gab.«

Bleiben wir noch kurz bei Katzen, die auf Kriegsschiffen gedient haben. Im August 1941 kamen Sir Winston Churchill und der amerikanische Präsident Franklin D. Roosevelt zu einer Geheimkonferenz in der Placentia-Bucht vor Neufundland zusammen. Die amerikanische Öffentlichkeit wähnte ihren Präsidenten im Urlaub, als die beiden Staatsmänner die Atlantik-Charta formulierten, eine Vision der Weltordnung nach dem Krieg, die später zum grundlegenden Dokument der Vereinten Nationen wurde. Kurz vor ihrer historischen Begegnung nahm sich Churchill viel Zeit, um den schwarzweißen Kater des Kriegsschiffes HMS Prince of Wales zu streicheln. Ein Foto zeigt, wie der 67-jährige Premierminister sich vor seinen Offizieren zu dem schwarzen Kater hinunterbeugt, um ihn am Kopf zu kraulen. Augenzeugen berichten, der Kater hätte sich das mit großem Behagen gefallen lassen. Kein Wunder, dass er nach dieser Begegnung von der Schiffsmannschaft sofort auf den Namen Churchill umgetauft wurde.

Der englische Premierminister, Maler, Literaturnobelpreisträger und Katzenliebhaber lebte immer mit einer oder mehreren Katzen zusammen. Zur Zeit der geschilderten Begegnung mit dem Schiffskater der Prince of Wales hieß sein Kater Nelson. Doch außergewöhnlich tiefe Zuneigung fasste er zu Jock, den er zum 88. Geburtstag von seinem Privatsekretär als Geschenk erhielt. Jock war ein rotgestromter Kater mit weißer Brust und weißen Pfoten. Er durfte in Churchills Bett schlafen, und beim Essen war für ihn ein eigener Stuhl reserviert. Das offizielle Hochzeitsfoto von Churchills Enkel zeigt Jock auf dem Schoß des Literaturnobelpreisträgers. Als Churchill mit 91 Jahren starb, saß Jock auf seinem Totenbett. In seinem Testament verfügte Churchill, dass zukünftig immer ein rotgestromter Kater auf Chartwell, seinem Anwesen in Kent, das er dem Staat vermacht hatte, leben müsse. Jock starb 1974. Inzwischen lebt dort Jock VI.

Eine ziemlich überraschende Mitteilung findet sich im *Jahrbuch der deutschen Kriegsmarine* aus dem Jahr 1936. Aus England und Amerika ist schon lange bekannt, dass dort Katzen bei Post und Bahn, in Bibliotheken und Theatern sowie in vielen anderen Institutionen bis weit ins 20. Jahrhundert »fest angestellt« waren. In den Etats dieser Einrichtungen war Geld für tierärztliche Behandlung und Zufütterung der Katzen eingeplant. Nicht nur auf Schiffen, sondern auch an Land mussten Waren und Anlagen vor Ratten und Mäusen geschützt werden. Selbst Armeen konnten auf den Dienst von Katzen nicht verzichten. Sie wurden von der Armee im Ersten Weltkrieg auf Seite der britischen Truppen sogar an die Front geschickt, um Schützengräben und Feldküchen von Ratten und Mäusen zu befreien. Aus dieser Zeit ist auch ein unvollständiger Schriftwechsel zwischen dem amerikanischen Verteidigungsministerium und einer Flugzeug- und Ballonfabrik erhalten geblieben. Deren Katzenbestand hatte sich innerhalb eines Jahres von zehn auf zweiundzwanzig Tiere vermehrt, was den zuständigen Offizier bewog, nach Washington zu berichten, dass es zwar vorteilhaft sei, eine solch starke Katzentruppe zur Verfügung zu haben, gleichzeitig jedoch anzufragen, wann diese Vermehrung gestoppt werden solle: »Weil ja der Zweck dieser Katzen die Beseitigung von Schädlingen ist und weil schon der ursprüngliche Katzenbestand diese Aufgabe zur vollen Zufriedenheit erfüllte, ist zu fragen, von welchem Moment an das ständige Anwachsen der Mannschaft zu einer unnötigen Bürde für die Verwaltung wird, vor allem im Hinblick auf die bevorstehende totale Vertilgung der Ratten und die dann nötig werdende Beschaffung riesiger Mengen von Katzenfutter über das Haushaltsbudget der Armee.« Während der anschließenden, aber ergebnislosen Korrespondenz teilte der Offizier seinen Vorgesetzten in Washington lapidar mit, dass inzwischen bereits fünf neue Kätzchen zur Truppe gestoßen seien. Der weitere Schriftwechsel ist leider verlorengegangen. Es existiert nur noch ein Protokoll der Fabrikverwaltung, das die restlose Vernichtung von Mäusen und Ratten auf dem Gelände festhält.

Dem besagten *Jahrbuch der deutschen Kriegsmarine* ist einer Randbemerkung in einem anonymen Beitrag zu entnehmen, dass Schiffskatzen auch bei der österreich-ungarischen Flotte fest angestellt waren: »Ferner befand sich an Bord eine dienstliche Schiffskatze. Für diese Schiffskatze war ein Verpflegungsgeld ausgeworfen.« Die Flotte der k.u.k. Kriegsmarine war zwar die kleinste unter den europäischen Großmächten, aber auch sie hatte die Sicherheit der eigenen Handelsschiffe zu gewährleisten und Präsenz auf den Weltmeeren zu zeigen. Und bei ihr waren, wie wir jetzt genau wissen, Katzen fest angestellt.

Katze über Bord

Eines haben Trim und Mrs. Chippy mit zahlreichen Schiffskatzen der Welt gemeinsam: Sie gehen manchmal über Bord. Katzen verfügen zwar über einen ausgezeichneten Gleichgewichtssinn, können hervorragend klettern, mit ihren spitzen Krallen fast überall Halt finden, sind muskulös bestens ausgestattet und extrem reaktionsschnell. Dennoch lesen wir in zeitgenössischen Berichten immer wieder von Schiffskatzen, die unfreiwillig von Bord gehen. Die Gründe dafür sind vielfältig: Sturm oder Schiffbruch, Spieltrieb oder die Unerfahrenheit von Kätzchen. Der Schreckensruf *Katze über Bord* ist auf Schiffen vermutlich häufiger erklungen als *Mann über Bord*.

Die früheste Nachricht über eine Schiffskatze in akuter Seenot stammt aus China und lässt sich auf den Beginn der Qing-Dynastie datieren. Es handelt sich dabei um ein Märchen, das unter dem Titel *Das Schicksal einer Katzenschönheit* wohl im späten 17. Jahrhundert aufgeschrieben wurde, vermutlich aber älterer Herkunft ist. Es erzählt die Geschichte eines schwerreichen Mannes, der eine kluge, außergewöhnlich schöne Katze sein Eigen nennen durfte. Ein Neider unternahm mehrere Versuche, sich des Tieres zu bemächtigen, doch der reiche Mann konnte einen Diebstahlsversuch verhindern und entging nur knapp einem Mordanschlag. Letzterer bewog unseren Mann, seine Heimatstadt heimlich mit einem Schiff zu verlassen: »Als das Schiff am nächsten Morgen den Hoang Ho überquerte, machte der Besitzer der Katze eine ungeschickte Bewegung, glitt aus und fiel in den Fluss. Das Tier, das seinen Herrn in den Wellen verschwinden sah, sprang ihm augenblicklich nach und versuchte, ihn an seinen Kleidern ans Ufer zu ziehen. Aber alle Bemühungen, ihn zu retten, misslangen, und schließlich verlor es die Kraft und wurde gleichfalls von den Fluten in die Tiefe gezogen. In der folgenden Nacht hatte ein Freund des Ertrunkenen einen recht ungewöhnlichen Traum. Er sah seinen Freund aus weiter Ferne winken und meinte, ihn rufen zu hören: ›Meine Katze und ich haben uns zum Tempel der Göttin Guang Yin geflüchtet! Wir sind nicht tot!‹ Voll Besorgnis ging er am nächsten Morgen zu dem besagten Tempel und sah dort zu seinem größten Kummer die von den Wellen angeschwemmte Leiche seines Freundes und der Katze unterhalb der Terrasse liegen. Tieftraurig kaufte er einen Sarg und bettete die treue, schöne Katze an die Seite ihres Herrn.«

Genau genommen handelt es sich in diesem Märchen mit traurigem Ende überhaupt nicht um eine Schiffs-, sondern um eine Passagierkatze. Doch sollen die unfreiwilligen Bordkatzen hier nicht ganz außer Acht gelassen werden:

Der venezianische Theaterdichter Carlo Goldoni hat in seinen Memoiren *Geschichte meines Lebens und meines Theaters* ein Erlebnis aus dem Jahr 1721 überliefert, in dem eine andere Passagierkatze eine – ebenfalls traurige – Rolle spielt. In diesem Jahr befand sich Goldoni auf einer Schiffsreise von Rimini nach Chioggia. Mit ihm reisten zwölf Schauspielerinnen und Schauspieler, »dazu ein Souffleur, ein Theatermeister, ein Garderobenaufseher, acht Bedienstete, vier Kammermädchen, zwei Ammen, Kinder jeden Alters, Hunde, Katzen, Affen, Papageien, Vögel, Tauben, ein Lamm, mit einem Wort, eine vollständige Arche Noah!«. Trotz einiger Unzulänglichkeiten, die eine Seereise zu dieser Zeit mit sich brachte, unterhielt man sich prächtig mit Gesang und bei den üppigen Mahlzeiten. Doch dann berichtet Goldoni über ein Ereignis, das das muntere Treiben auf dem Schiff vorübergehend trübte:

»Aber ach! Ein unglücklicher Zufall störte die Fröhlichkeit der ganzen Gesellschaft. Eine Katze, der Liebling der Primadonna, war aus ihrem Käfig entwischt: diese rief die ganze Welt zu Hilfe. Man gab sich alle Mühe, ihrer habhaft zu werden, allein die Katze, wild und eigensinnig wie ihre Gebieterin, ging durch, sprang wie der Blitz hierhin, dorthin, entschlüpfte, versteckte sich und erstieg endlich in der Angst den Mast. Ein Matrose stieg hinauf, sie herabzuholen, allein die Katze sprang ins Meer und ertrank. Man denke sich die Verzweiflung der Primadonna. Kein Tier, das ihr in den Weg kam, war seines Lebens sicher. Ihr Kammermädchen selbst sollte ihren Liebling in das Grab begleiten. Jedermann nahm die Partei des armen Mädchens, der Streit wurde allgemein. Endlich kam der Directeur dazu. Er lachte darüber und suchte die betrübte Dame zu besänftigen. Sie fing nun selbst an zu lachen, und die arme Katze war vergessen.«

Im Sommer 1754 unternahm der englische Schriftsteller

Henry Fielding auf Anraten seiner Ärzte eine Schiffsreise von London nach Lissabon, um Linderung von seinen Leiden zu finden und dem englischen Klima zu entfliehen. Der Autor des *Tom Jones* sollte seine Heimat nie wiedersehen. Im Alter von siebenundvierzig Jahren starb er am 8. Oktober 1754 in Lissabon. 1755 erschien sein letztes Werk, das *Journal einer Reise nach Lissabon*. Unter dem Datum vom 11. Juli vermerkte er in seinem Journal ein ungewöhnliches Ereignis, das die Routine der Schiffsreise unterbrach: Eines der vier Schiffskätzchen fiel ins Wasser, was den Kapitän des Schiffes zu einem Befehl veranlasste, der Fielding in Erstaunen versetzte. »Unverzüglich wurden die Segel herabgelassen und sozusagen alle Mann an Bord beordert, um das unglückliche Tierchen zu retten. Ich muß gestehen, daß ich hierüber sehr erstaunt war, eigentlich weniger über die große Zartheit des Captains, als vielmehr darüber, daß er eine Rettung überhaupt für möglich hielt; denn ich glaubte, wenn das Kätzchen tausend statt einem Leben besessen hätte, so wären sie alle verloren gewesen. Doch der Bootsmann war optimistischer. Nachdem er sich Jacke, Hemd und Hosen ausgezogen hatte, sprang er mutig ins Wasser und kehrte schon nach wenigen Minuten mit dem reglosen Tier im Mund auf das Schiff zurück. Wie ich später merkte, war dies nicht so schwierig gewesen, wie es mir in meiner Unwissenheit geschienen und wie es sich möglicherweise auch mein auf dem Land wohnender Leser vorgestellt hatte. Das Kätzchen wurde nun aufs Deck in die Sonne gelegt, aber niemand glaubte, daß es am Leben bleiben würde, da es kein einziges Lebenszeichen mehr von sich gab.« Mit der Bemerkung, er hätte »lieber ein Faß Rum oder Branntwein verloren«, verließ der Kapitän das Deck, »und schlug sich dann mit dem portugiesischen Mönch beim Puffspiel herum«. Doch dann erstaunt uns Fielding mit diesem Ende seiner Erzählung: »Da ich mich vielleicht etwas zu übertrieben bemüht habe, mit dieser Erzählung bei meinen Lesern mitleidvolle Regungen hervorzurufen, würde ich es mir nie verzeihen, wenn ich schließen würde, ohne sie wissen zu lassen, daß sich das Kätzchen dann doch wieder erholte, zur großen Freude unseres guten Captains, jedoch zur großen Enttäuschung einiger Matrosen, die behaupteten, daß das Ertränken einer Katze der sicherste Weg sei, einen günstigen Wind aufkommen zu lassen.«

Der Katzenfreund, Schriftsteller und Diplomat Vicomte de Chateaubriand fuhr 1791 nach Nordamerika und freundete sich dabei mit dem Schiffskater Tom an. Dem Kater geschah nichts auf dieser Überfahrt, aber Chateaubriand erfuhr auf seiner Reise, dass Tom schon zweimal die Welt umrundet und einen Schiffbruch auf hoher See überlebt hatte. Der Kater konnte nach dem Untergang des Schiffes auf ein schwimmendes Fass klettern, von dem er schließlich gerettet wurde.

Der Name Robert Falcon Scott ist mit heroischem Bemühen und tragischem Scheitern verbunden. Mit seiner Terra-Nova-Expedition startete der britische Polarforscher den Versuch, als erster Mensch zum Südpol zu gelangen. Am 18. Januar 1912 erreichte er tatsächlich sein Ziel, musste aber feststellen, dass ihm der Norweger Roald Amundsen rund einen Monat zuvorgekommen war. Aufgrund widriger Wetterverhältnisse starben Scott und seine vier Begleiter auf dem Rückweg an Unterernährung, Erschöpfung und Unterkühlung. Ein paar Wochen vorher hatte Scott in seinem Tagebuch notiert, wie ihr Schiffskater aus der eisigen

Kälte der arktischen See gerettet werden konnte: »Am Sonntag vor Weihnachten fiel Nigger, unser Kater, über Bord. Er hatte sich mit den Hunden auf dem Achterdeck gezankt, war gefährlich dicht an den einen herangekommen und, als er, um dem Hunde zu entgehen, hatte zurückspringen wollen, ins Wasser gestürzt. Zum Glück war es außergewöhnlich windstill: das Boot wurde hinabgelassen, Nigger, der sehr geschickt schwamm, herausgezogen, und zwölf Minuten nach dem Unfall fuhren wir wieder weiter. Der Kater war ganz starr vor Kälte und wurde deshalb in den Maschinenraum gebracht und gut abgetrocknet, dann erhielt er ein bisschen Kognak, und am Abend war er wieder ganz munter.«

Eine ziemlich verblüffende These zum Thema »Katze über Bord« hat der Korvettenkapitän und Marineschriftsteller Bartholomäus von Werner in seinem Lehrbuch für Seefahrer unter dem Titel *Deutsches Kriegsschiffsleben und Seefahrtkunst* im Jahr 1891 aufgestellt. Er lässt sich darin zunächst über die Tierliebe der Matrosen und ihre Lust aus, Tiere an Bord zu dressieren, und stellt dann fest, es sei »eine auffällige Erscheinung, dass die Seeleute die Thiere fast durchweg so gern haben und wohl dadurch oft die überraschenden Erfolge in der Abrichtung derselben zu allerlei Kunststücken erziehen. Ganz gewöhnlich ist es, dass die Schiffskatze durch die Arme springt und sonstige Künste weiß, die sie allerdings nur selten in der Heimat ihrer Lehrer zeigen kann, weil fast jede Katze nach längerer Anwesenheit an Bord plötzlich eines Nachts über Bord springt und ertrinkt. Es ist eine Seltenheit, dass man solch ein Katzentier länger als ein Jahr auf dem Schiff behält. Die Veranlassung dazu wird wohl die ihnen fehlende Liebe ihrer Geschlechtsgenossen geben, welche sie suchen wollen und dabei den Tod finden.«

Wo immer auch Herr von Werner diese Beobachtung gemacht haben will, er vertritt mit seiner These eine singuläre Meinung.

Zuletzt soll Jules Champfleury zum Thema »Katze über Bord« erwähnt werden. In seinem Buch *Katzen* hat der französische Schriftsteller 1870 eine dramatische Geschichte über ein Schiffsunglück beschrieben, das sich 1867 zugetragen hat. Nachdem ein schwer beladenes Handelsschiff von der französischen Atlantikküste mit Kurs auf Lissabon in See gestochen war, geriet es in dichten Nebel und wurde von einem anderen Schiff so schwer gerammt, dass der Kapitän es evakuieren ließ. Dabei wurden in der Eile nicht nur der Schiffsjunge Michel, sondern auch die beiden Katzen an Bord des havarierten Schiffes zurückgelassen. Michel begriff den Ernst der Lage schnell und setzte die Schiffspumpen in Gang. »In diesem Augenblick«, schreibt Champfleury, »kommen die beiden Schiffskatzen und umschmeicheln die Beine des Schiffsjungen. Michel teilt mit ihnen seine Vorräte an Brot und Schinken. Und jetzt wieder ans Werk! An die Pumpe! An die Signale! Dieses Hin und Her von Kampfesmut, Hoffnung und Verzweiflung dauerte drei Tage. Die Vorräte schrumpften, und jeden Tag zur selben Stunde erschienen die Katzen, die einzigen Gefährten des Schiffsjungen, um ihren mageren Anteil zu ordern. Glücklicherweise fuhr eine amerikanische Brigg vorbei und bemerkte Michel am Bug des Schiffes, das nahe am Sinken war. Der Junge wurde gerettet, wollte aber das Schiff nicht ohne seine Katzen verlassen. Drei Monate später erreichte er den Hafen von Saint-Servan. Eine ungeheure Menge klatschte der Rückkehr des Schiffsjungen Beifall, der auf seinen Armen triumphierend die beiden Katzen der Besatzung trug.«

Schiffszwieback mit Maden, fliegende Fische und Lamm im Weinbad

Die Haupternährungsquelle der Katze ist natürlich die Maus, aber auch deren größere Verwandte, die Ratte, wird bekanntlich von ihr nicht verschmäht. Der Jagd- und Tötungsinstinkt der Katze erlischt aber nach ihrer Sättigung nicht. Und das macht sie zur idealen Waffe bei der Bekämpfung der Nager. Ratten und Mäuse können unter günstigen Bedingungen monatlich durchschnittlich etwa zehn Junge zur Welt bringen, die ihrerseits schon nach sechs Wochen geschlechtsreif sind. Da Ratten und Mäuse zwar das sinkende, selten aber das ankernde Schiff verlassen, kann man sich vorstellen, dass es auf den Schiffen bis ins späte 19. Jahrhundert von Nagetieren bedrohlich wimmelte. Johannes Vilhelm Jensen hat in seiner bereits erwähnten Erzählung *Katzenkinder* nicht nur eigene Erlebnisse verarbeitet, sondern auch die Berichte der Seeleute, die ihm offenbar viel über ihre Erfahrungen mit Schiffskatzen erzählt haben. Jedenfalls lässt Jensen die Mitglieder der Mannschaft seines Überseeschiffes immer wieder zu Wort kommen, so auch zum Thema Ratten und Mäuse. Der Kapitän berichtete ihm, dass eine seiner Schiffskatzen an einem Vormittag vierundfünfzig Mäuse gefangen hatte. Dabei habe sie oft gleich drei auf einmal gepackt – eine mit dem Maul und eine mit jeder Vorderpfote.

Das klingt zwar nach Seemannsgarn, doch derartige Fangerfolge werden auch von anderen Autoren berichtet. Als der Illustrator und Schriftsteller Tomi Ungerer Anfang der siebziger Jahre von New York auf die Halbinsel Nova Scotia zog, nahm er seine beiden Kater Piper und Heidsieck mit an die kanadische Ostküste. »Er ist die einzige Katze, die ich je gesehen habe, die keine Abneigung gegen Wasser hat«, berichtete er über Piper. Fotografien zeigen Ungerer mit seiner Frau und Piper am Strand auf Spaziergängen in seichtem Gewässer. Piper war zwar keine Schiffskatze, aber dem Meer offenbar sehr verbunden. Vor allem aber war er ein unbarmherziger Jäger, Tag und Nacht unterwegs, selbst schlechtes Wetter konnte ihn nicht aufhalten. Tomi Ungerer beschreibt in einem kleinen Text, wie er Piper zur Jagd auf Ratten einsetzte: »Jeden Abend schließen wir den Stall ab. Wir nehmen Piper mit und lassen ihn dort, damit er sich die Ratten vornimmt. Eines Abends schlichen wir uns leise in den Stall [...] Es klappte tadellos, die Vorstellung, deren Zeuge wir wurden, gab ein Zauberer: Piper fing drei Ratten auf einen Streich. Eine mit jeder Pfote, die dritte mit den Zähnen.«

Die unglaublich fleißige Mäusefängerin aus Jensens Erzählung *Katzenkinder* verfolgte nach den Worten des Kapitäns einmal eine Ratte, die sich während eines heftigen Sturmes in panischer Angst an Deck verirrt hatte. Das eigentlich als wasserscheu bekannte Tier schwamm der Ratte unter Einsatz ihres Lebens hinterher, denn das Deck stand im Sturm so gut wie ständig unter Wasser. Die Katze befand sich tatsächlich in großer Gefahr, denn die Ratte wurde bei der Verfolgungsjagd über Bord gespült.

Es kam nur selten vor, aber es gibt Berichte darüber, dass teilweise nicht genug Nager an Bord waren, um den Hunger der Schiffskatze zu stillen. Der hessische Standesherr Karl Graf von Schlitz brach 1844 im Alter von zweiundzwanzig Jahren zu einer Reise auf, die ihn in drei Jahren um die ganze Welt brachte. Im Januar 1846 bestieg er als einziger Passagier die Lark, einen amerikanischen Schoner, der Seidenstoffe von China nach Lima transportierte. In seinen Erinnerungen *Reise um die Welt: In den Jahren 1844–1847* beschrieb von Schlitz eine solche Ausnahmesituation: »Zur Betrachtung der Thierwelt an Bord lädt die verhältnismäßig einsame Existenz ein, und ich beginne mit unserer Schiffskatze; nicht die *cat of nine tails* [Neunschwänzige Katze, eine Riemenpeitsche mit neun geflochtenen Tauenden], sondern *without any tail,* denn diese Zierde, auf die die Katzen und Chinesen so stolz sind, hatte sie eingebüßt; das Thier war sehr scheu und existierte nominell von den Ratten und Mäusen, die sich im Schiffsraum aufhalten sollten, aber auf der Lark [...] wohl selbst kaum genug zum Leben hatten; so pflegte auch die Katze jeden Abend an die Thür der Vorrathskammer zu kommen und sich mit abscheulichem Gequeil über den Verfall der hohen und niederen Jagd zu beklagen.« In einem solchen Fall musste die Schiffskatze wohl auf Zufütterung durch den Menschen hoffen. Doch was den Seeleuten als Verpflegung aufgetischt wurde, sah in der Regel ganz anders aus, als wir es uns heute vorstellen.

Der Direktor des Deutschen Technikmuseums Berlin, Dirk Böndel, hat in seinem Buch *Admiral Nelsons Epoche* das Speiseangebot auf den Segelschiffen des 18. Jahrhunderts so beschrieben: »Der Schiffszwieback, der Ersatz für Brot, wurde aus Weizen, Erbsenschoten und Knochenmehl zusammengebacken. Nach kurzer Zeit war er von Maden bevölkert, die man durch vorsichtiges Klopfen herauszulocken versuchte – oder man machte die Augen zu und aß sie mit.« Fleisch wurde in großen Fässern eingepökelt und mit der Zeit so hart, dass die Seeleute aus ihm kleine Ziergegenstände schnitzten. Der morgendliche Haferbrei »wurde meistens auch von hartgesottenen Matrosen über Bord geworfen oder endete als Viehfutter«. Aber nicht als Katzenfutter. Wer nun vermutet, erst die Hauskatzen unserer Zeit seien so wählerisch in Ernährungsfragen, liegt falsch. Unser Wort *Naschkatze* ist ein klarer Hinweis darauf, dass Katzen Leckereien zwischendurch nicht abgeneigt sind. Im Wörterbuch der Gebrüder Grimm ist nachzulesen, dass *Naschkatze* schriftlich bereits zu Beginn des 17. Jahrhunderts verbreitet war. Das Wort *naschen* ist in dieser Schreibweise seit dem 11. Jahrhundert geläufig. Irgendwann zwischen diesen beiden Jahrhunderten ist also das Wort *Naschkatze* als Synonym für eine Person entstanden, die gerne zwischen den Hauptmahlzeiten anderes als die übliche Nahrung zu sich nimmt. Doch auf Schiffen war daran selbst für die Menschen kaum zu denken. Deshalb ist es wenig verwunderlich, dass Schiffskatzen sich hin und wieder selbst um eine Abwechslung auf ihrer Speisekarte kümmerten. Der aus der Schweiz stammende Schriftsteller Daniel Wegelin hat dreizehn Jahre seines Lebens auf Reisen um die Welt verbracht. In seinen *Erinnerungen aus Russland und dem Orient* berichtete er 1843 über eine Seereise von Jerusalem nach Ägypten: »Obwohl uns ein äußerst günstiger Wind rasch unserer Bestimmung entgegengeführt hätte, brachte doch auch diese Reise ihren Theil von Unannehmlichkeiten mit sich. Das Fahrzeug wurde fehlerhaft geleitet und trieb mehrere Tage unstet auf der See herum; überdieß hatte der fahrlässige Kapitän nicht hinreichend für Trinkwasser gesorgt, und wir wurden deswegen bald von peinlichstem Durste gefoltert; dann spielte mir noch die Schiffskatze den heimtückischen Streich, meinen ganzen Mundvorrath wegzuschnappen.«

Neben Ratten und Mäusen tauchten glücklicherweise immer wieder andere Tiere überraschend an Bord auf und sorgten für Abwechslung auf der Speisekarte der Schiffskatze. Roald Amundsen war noch jung und unbekannt, als er 1897 auf der Belgica an einer Expedition zur Küste der Westantarktis teilnahm. In seinem Tagebuch findet sich dazu diese kurze Bemerkung: »Heute Abend flogen drei fliegende Fische über die Reling. Natürlich bereiteten wir ihnen einen warmen Empfang, besonders Nansen, unsere kleine Katze. Wenn es dunkel ist, schleicht sie die ganz Zeit auf dem Deck umher und fängt fliegende Fische.« Diese exotische Tierart hat die Phantasie der Menschen seit Jahrtausenden beflügelt. Exocoetidae, fliegende Fische, leben in tropischen und subtropischen Meeren und können im Gleitflug und in einer Flughöhe von durchschnittlich einem Meter mehr als 200 Meter zurücklegen – eine ideale Beute für Schiffskatzen.

Alfred Ahrens, ein Kapitän des Norddeutschen Lloyd, hat in seinen Lebenserinnerungen *Männer, Schiffe, Ozeane* berichtet, dass auch viele Matrosen erpicht darauf waren, ihre oft kargen Rationen durch den Verzehr fliegender Fische anzureichern – allerdings selten erfolgreich: »Zeitweilig verirrte sich auch einmal ein fliegender Fisch an Deck, der von allen sehr geschätzt wurde. Aber diese fliegenden Fische kamen nur nachts über, und es war nicht einfach, sie aufzufinden. Man vernahm plötzlich ein leichtes Klatschen, worauf alle, die es gehört hatten, sich auf die Suche machten. Jeder wollte natürlich diesen kleinen Braten zum Frühstück haben. In den meisten Fällen aber war die Schiffskatze schneller und brachte ihren Fang ungebraten in Sicherheit.«

Den Kapitänen und Offizieren wurde selbstverständlich ein anderer Tisch als den Matrosen gedeckt. Nicht zuletzt deshalb suchten Schiffskatzen deren Freundschaft. In Jensens Erzählung berichtet ein Mitglied der Besatzung von einem legendären Schiffskater: Sophus erschien jeden Morgen pünktlich auf die Minute, den Schwanz senkrecht in der Luft. Er wusste genau, dass er beim Frühstück des Kapitäns immer einen Leckerbissen bekam. Und wenn der Obersteward sein Messer schliff, geschah Folgendes: »Augenblicklich war Sophus zur Stelle und legte beide Pfoten auf die Tischkante, denn er wusste, dass der Obersteward dann Wurst schneiden würde. Aber es wirkte gar nicht, wenn ein anderer das Messer wetzte, Sophus kannte genau den Rhythmus, so und so, wie es eben der Obersteward machte.« 1905 erschien in Deutschland unter dem Titel *Ein Jahr an Bord der I. M. S. Siboga* ein Bericht über die holländische Tiefsee-Expedition im Niederländisch-Indischen Archipel von 1899 bis 1900. Das Buch erregte schon deshalb Aufsehen, weil es eine Frau geschrieben hatte. Die holländische Botanikerin Anna Antoinette Weber-van Bosse gehört zu den wenigen Autorinnen in der so gut wie ausschließlich von Männern dominierten Seefahrt und maritimen Expeditionsliteratur. So außergewöhnlich wie die Autorin dieses Berichts war ihr Kater Bob, den sie als Schiffskater auf ihre Reise mit der I.M.S. Siboga mit an Bord genommen hatte: »Das waren fette Tage für Bob, den gelben Kater, den ich als kleines Kätzchen von Herrn Kraay in Makassar geschenkt bekommen hatte, der jedoch sehr rasch groß geworden war. Bob war der Liebling des Schiffes; aus seinem Tun und Treiben konnte man schließen, wie spät es war: am Morgen früh aßen die Matrosen, dann schmarotzte Bob auf Deck herum und bettelte um die Haut einer Sardine oder eines sauren Herings; etwas später aßen die Heizer, und Bob verschwand im Zwischendeck. Die Maschinisten, welche jetzt an die Reihe kamen, jagten Bob tagelang weg, weil er ihnen gebackene Fische gestohlen hatte. Schließlich erkletterte er um die Zeit, zu welcher wir zu Tische gingen, bedächtig die Campagne, um auch hier seinen Teil in Empfang zu nehmen. Sein Kollege, der arme, schwarze Titi, war keine Bettlerseele; er hing vollständig vom Steward ab, und jeder von uns erinnert sich wohl noch, wie gut dieser für das Tier sorgte.«

Eine echte Ausnahmeerscheinung, einen feliden Gourmet zur See, hat Ioanna Karystianis in ihrem Roman *Die Augen des Meeres* beschrieben. Darin wird zwar Dimitris Avgoustis, der Kapitän des Frachters Athos III, fürstlich vom Smutje bekocht, doch Nutznießer dieser kulinarischen Bemühung war Maritsa, der Schiffskater. Eines Tages wurde dem Kapitän das Essen mit den erläuternden Worten »Lamm im Weinbad« serviert. »Das Fleisch ist für Maritsa«, antwortete Avgoustis. »Der Koch führte den Befehl missmutig aus, die beste Portion ging wieder an die Mieze, die sich von all den Filetstückchen und Medaillons ernährte, die er liebevoll für Avgoustis zubereitete. Die Missbilligung in seinem Gesicht durfte nicht deutlicher zum Ausdruck kommen als seine im Grunde zärtliche Meinung über die Beziehung des Kapitäns zu den Katzen.«

Und noch eine Schiffskatze soll hier vorgestellt werden, deren ungewöhnliche Trinkgewohnheit erwähnenswert ist: Der Journalist und Reiseschriftsteller Paul Goldmann hat sie 1899 in seinem Werk *Ein Sommer in China* verewigt. Goldmann hielt sich 1898 als Korrespondent der *Frankfurter Zeitung* dort auf. Während einer Schifffahrt auf dem Jangtse-

kiang kam es zu folgender Begegnung: »Im Gange, der seit-
lich an den Kabinen der ersten Klasse vorbeiführt, hängen
zwei Bauer mit zwitschernden gelben Vögeln. Auch eine
Schüssel mit Goldfischen steht auf einem Schemel, und am
Morgen kommt die Schiffskatze, richtet sich auf den Hinter-
füßen auf und nimmt ihren Frühtrunk aus dem Goldfisch-
Bassin.« Das eigentlich Erstaunliche an dieser Geschichte ist,
dass die Katze die Goldfische offenbar verschmähte.

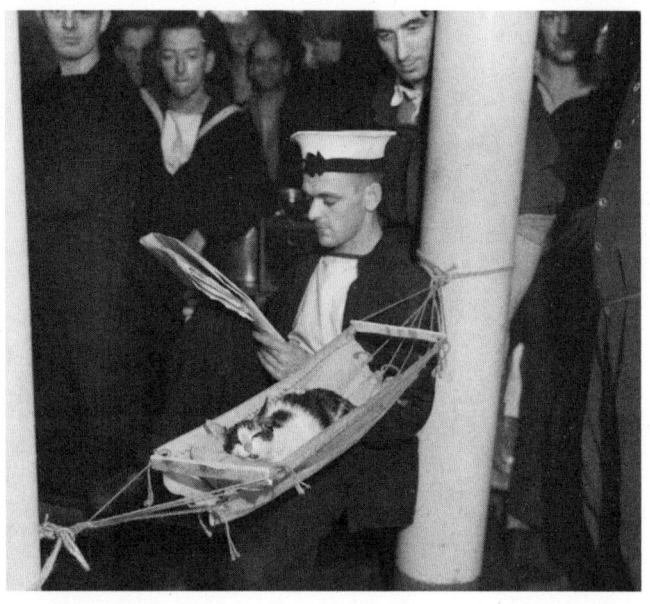

Das Foto aus dem Jahr 1941 zeigt die Schiffskatze Convoy auf der HMS Hermione, einem leichten Kreuzer der britischen Marine. Convoy war im Schiffsbuch der Hermione als Besatzungsmitglied verzeichnet. Am 16. Juni 1942 wurde das Kriegsschiff vom deutschen U-Boot U205 südlich von Kreta versenkt. Dabei kamen 87 Seeleute ums Leben – und vermutlich auch die Schiffskatze Convoy.

OSCAR

Als unbezwingbarste Seefestung des Zweiten Weltkrieges
galt ein Schlachtschiff von imposanten Ausmaßen: über 250
Meter lang und 36 Meter breit. Mehr als 2000 Seeleute leis-
teten Dienst auf dem Koloss aus Stahl, der eine Höchstge-
schwindigkeit von gut 30 Knoten, das sind fast 60 km/h, erreichte. Bei seinem Stapellauf am 14. Februar 1939 wurde
die Wunderwaffe der deutschen Kriegsmarine nach dem
Eisernen Kanzler auf den Namen Bismarck getauft. Anderthalb Jahre später wurde das zu dieser Zeit größte und kampf-
stärkste Schlachtschiff der Welt in Dienst gestellt. Am Morgen des 19. Mai 1941 verließ die Bismarck den Hafen von
Gotland mit Kurs auf den Nordatlantik, um dort britische
Handelsschiffe und deren Geleitschutz anzugreifen. Seine
zwanzig Meter langen Geschützrohre konnten Ziele in
knapp vierzig Kilometern Entfernung zerstören.

Mit an Bord: Oscar, ein schwarzer Kater mit weißem Kra-
gen und unbekannter Herkunft. Wir wissen buchstäblich
nichts über sein Alter oder seine Abstammung. Wir wissen
nicht einmal, wie er an Bord des Schlachtschiffes gelangt ist.
Kein Logbucheintrag, kein Tagebuch, kein Brief gibt Auskunft darüber, ob sich der Gotländer Hafenkater heimlich
an Bord geschlichen oder ob ihn ein Matrose im Seesack
eingeschmuggelt hat. Wir wissen aber genau, dass Oscar zu
den wenigen Glücklichen zählt, die den Untergang der Bismarck überlebten.

Am 26. Mai 1941 starteten mehrere Jagdflugzeuge vom
britischen Flugzeugträger Ark Royal, um die Bismarck anzugreifen. Ein einziger Treffer reichte aus, die Ruderanlage
des Schlachtschiffes zu zerstören. Am nächsten Morgen nah-

men vier britische Kriegsschiffe die manövrierunfähige Bismarck unter Beschuss. Um 10:39 Uhr versank das Traumschiff der germanischen Kriegsmaschinerie. 50 000 Tonnen Stahl landeten in 4 800 Metern Tiefe auf dem Meeresboden. 2 104 Mann der Besatzung fanden den Tod, nur 116 konnten gerettet werden. Oscars Schicksal bei dieser Schiffskatastrophe hat uns der polnische Schriftsteller und Militärhistoriker Janusz Piekalkiewicz in seinem Buch *Seekrieg 1939–1945* überliefert: »Einige Stunden später kreuzt der Zerstörer Cossack dieses Gewässer auf seiner Heimfahrt. Da entdeckt einer der Seeleute zwischen Trümmern und Leichen die auf einem Brett schwimmende Katze. Der Zerstörer stoppt, und man holt das vor Kälte zitternde, triefend nasse Tier an Bord. Der Kater erhält den Namen Oscar.«

Es kommt einem Wunder gleich, dass Oscar das Seekriegsinferno überlebte. Vermutlich haben sich die Matrosen des britischen Zerstörers sehr über ihre erfolgreiche Rettungsaktion gefreut. Denn eine Katze auf dem Schiff bedeutete in Kriegszeiten mehr als nur einen nützlichen Mäusefänger an Bord zu haben. Eine Katze konnte wenigstens für kurze Zeit ablenken vom unerbittlichen Kriegsgeschäft, das Tag und Nacht das Leben der Besatzung bedrohte. Im Vergleich zur Bismarck war die Cossack ein überschaubares Boot mit lediglich 190 Mann Besatzung. Nach Oscars Rettung nahm der Zerstörer Kurs Richtung Mittelmeer auf. Dort wird es Oscar gefallen haben. Die See war ruhig, und die Sonne schien fast den ganzen Sommer über am wolkenlosen Himmel. Auch der Besatzung wird es im Mittelmeer gut ergangen sein, denn im Sommer 1941 hatte das Schiff keine Feindberührung.

Im milden Herbst 1941 aber tauchte am 24. Oktober das

deutsche U-Boot U 563 in der Nähe der Cossack bei Gibraltar auf – jedoch nicht im Wortsinn. Es fuhr unentdeckt in Sehrohrtiefe und feuerte seine Torpedos auf den feindlichen Zerstörer ab. Die anschließende Explosion war so gewaltig, dass 159 englische Seeleute dabei ihr Leben verloren. Doch die Cossack ging nicht sofort unter. Ein Schlepper kam am nächsten Tag, um das Schiff nach Gibraltar zu ziehen. Aufgrund des schlechten Wetters musste das Vorhaben jedoch abgebrochen werden, die Schleppleinen wurden gekappt. So sank die Cossack am 27. Oktober 1941 westlich von Gibraltar. Der ebenfalls zur Hilfe geeilte Zerstörer Legion nahm die Schiffbrüchigen auf und entdeckte dabei auch Oscar – klitschnass und ölverschmiert auf einer Planke im unruhigen Meer schwimmend. Der Kater hatte es wieder einmal geschafft.

Danach zog es Oscar an Land – nach fünf Monaten auf See und zwei traumatisierenden Schiffsuntergängen ein nachvollziehbares Anliegen. Der Hafenmeister von Gibraltar hatte eine Stelle als Mäusefänger in seinen Büros zu vergeben, und Oscar nahm die Herausforderung an. Doch nur ein paar Wochen später erreichte den Hafenbeamten eine Anfrage von der Ark Royal, dem uns schon bekannten Flugzeugträger, der vor Gibraltar lag. Man benötige zur Unterstützung der bereits vorhandenen Crew dringend eine weitere Schiffskatze für das riesige Schiff. Der Hafenmeister wollte gern zu Diensten sein und trennte sich von Oscar. Kurz darauf fuhr die Ark Royal zu einem Einsatz nach Malta und wurde auf dem Rückweg am 13. November vom deutschen U-Boot U 81 gesichtet. Vier Torpedos sorgten dafür, dass sich der Flugzeugträger innerhalb kurzer Zeit mit zehn Grad Schlagseite nach Steuerbord neigte.

Etwa 1 350 Mann wurden von den Zerstörern Legion und Laforey aufgenommen, 250 Mann und der Kapitän blieben an Bord, um den Versuch zu unternehmen, den Flugzeugträger nach Gibraltar zu manövrieren.

Dem Buch *Ark Royal 1939–1941* des britischen Konteradmirals Sir William Jameson können wir entnehmen, dass Oscar nicht der einzige Schiffskater an Bord des Flugzeugträgers war: »Sobald die Legion ihre Position auf der Steuerbordseite eingenommen hatte, begann die Evakuierung. Die meisten der Ark Royals trugen nichts bei sich, von den Kleidern abgesehen, in denen sie gerade steckten, aber einige hatten ein paar spezielle Schätze zusammengerafft. […] Eine der Schiffskatzen, ein riesiger gelber Kater, landete in den Armen eines Royal Marines.«

Am nächsten Morgen nahm die Schlagseite des Schiffes bedenklich zu. Sie erreichte 27 Grad. Um 4:30 Uhr wurden die letzten Besatzungsmitglieder evakuiert, um 6:13 Uhr versank der Schiffsriese für alle Zeiten im Mittelmeer. Lediglich ein Besatzungsmitglied der Ark Royal war dabei ums Leben gekommen. Und Oscar? Es ist kaum zu glauben, aber unser Kater, mittlerweile routiniert bei Schiffsuntergängen, überlebte auch diesen, wie Sir William Jameson berichtet: »Ein Motorboot, das sich durch die Überbleibsel schob, entdeckte eine sich an ein Stück Holz klammernde Schiffskatze, verärgert, aber ansonsten unversehrt.« Oscars Verärgerung kann man gut nachvollziehen. Immerhin war ihm das dritte Kriegsschiff in Folge unter den Pfoten weggeschossen worden. Andererseits konnte sich der Kater glücklich schätzen, dass in allen Fällen eine rettende Planke rechtzeitig zur Stelle war.

Oscar landete wieder im Amtszimmer des Hafenmeisters von Gibraltar. Dort lag bereits die nächste Anfrage nach einem Schiffskater vor. Ein britisches U-Boot hatte entsprechenden Bedarf angemeldet. Doch als dessen Kommandant von Oscars Militärlaufbahn erfuhr, verzichtete er auf den zwar schiffserprobten, aber doch irgendwie suspekten Kater, der in englischen Militärkreisen inzwischen als *Unsinkable Sam* zu einer gewissen Berühmtheit mit Kultstatus gelangt war. Da sich eine weitere Verwendung als Schiffskater nicht abzeichnete, nahm ihn Gibraltars Gouverneur Sir John Vereker in seinem Amtssitz auf, und Oscar durfte sich endgültig aus dem aktiven Militärdienst verabschieden. Nur noch ein Mal in seinem Leben betrat Oscar ein Schiff. Der Kater wurde nach England geschickt, wo er in einem Belfaster Seemannsheim mit Namen *Home for Sailors* unterkam. Dort starb Oscar hochbetagt im Jahr 1955.

Rabauken an Land

Seeleute mit fester Heuer hatten selten Zeit, in fernen Häfen an Land zu gehen, um Kneipen oder Bordelle aufzusuchen. Nach dem Anlegen musste die Ladung gelöscht und neue Waren verstaut werden. Auch galt es, frischen Proviant und Wasser an Bord zu bringen. Oft waren kleine oder große Reparaturen durchzuführen, dazwischen kamen ein paar Huren an Bord. Doch dann stach man so schnell wie möglich in See, denn schon in den frühen Zeiten der Seefahrt musste für die Schiffe eine tägliche Liegegebühr bezahlt werden. Noch ein anderer Grund verhinderte ausgedehnte Landgänge: Viele Matrosen hatte man aus Gefängnissen rekrutiert, in Hafenspelunken betrunken zur Unterschrift unter einen Vertrag gepresst oder sogar entführt. Das Leben an Bord war kein Zuckerschlecken, die Arbeit strapaziös. Da dachte so mancher Matrose insgeheim an Flucht. Deshalb sorgten die Offiziere dafür, dass ihre Mannschaft nur zum Be- und Entladen festen Boden unter die Füße bekam. Seeleute sahen also oft nicht viel von der Welt, die sie befuhren.

Ganz anders die Schiffskatzen: »Sie genießen jeden Landurlaub […] durchstreifen die Lagerschuppen und die etwas berüchtigten Gassen, dringen in schlecht beleumdete Kneipen vor und sind unter Umständen sehr vergnügungssüchtig; sie fühlen sich in jeder Stadt der Welt gleich wohl.« Mit diesen Worten beschrieb das Autorenduo Mischa Damjan und Rudolf Schilling die Landgänge der Schiffskatzen in ihrem Buch *Mau Mao Miau*. Ähnliche Töne schlug Gustav

Schenk in seiner Erzählung *Seefahrer Kador* an: »Unstet fahren die Schiffskatzen mit Dampfern und Seglern von Hafen zu Hafen, sie liefern sich Schlachten in den Gassen Tampicos oder Marseilles, sie lieben, räubern, fressen und stellen sich pünktlich wieder am Hafen ein, ehe die Anker ihres Schiffes gelichtet werden.« Das klingt zwar ziemlich romantisch, aber doch ein wenig so, als hätten diese drei Autoren das Klischee des saufenden, sich raufenden und rumhurenden Seemanns auf die Lebenswelt der Schiffskatze übertragen.

Johannes Vilhelm Jensen waren Schiffskatzen offenbar etwas vertrauter. Er hatte sie auf seinen vielen Seereisen genau beobachtet. Der dänische Literaturnobelpreisträger vermutet und verallgemeinert nicht, sondern beschreibt ihr Verhalten in seiner Erzählung anhand konkreter Beispiele und Mitteilungen aus erster Hand: »Der Kapitän ergänzte seine Legende über den einzigartigen Sophus mit einem Bericht darüber, wie Sophus, der ja ein Kater gewesen war, in jedem Hafen an Land ging und oft zurückkam mit Beulen, einmal mit einem aufgeplatzten Augenlid – ganz wie Seeleute, wenn sie an Land gewesen waren und Schlägereien gehabt hatten. Die Matrosen hatten viel Sympathie für ihn, und aus Spaß banden sie ihm einen Groschen um den Hals, dass er sich auch was leisten könnte, wenn das Schiff im Hafen lag.«

Es ist zwar richtig, dass Prügeleien zwischen Schiffs- und Hafenkatzen häufig vorkamen. Der Grund für derartige Reibereien in Häfen war aber nicht die Abenteuerlust der seefahrenden Katzen, sondern deren Invasion in genau definierte Streifgebiete der Hafenkatzen, die diese selbstverständlich gegen jeden Eindringling zu verteidigen hatten.

Schiffskatzen betraten ungebeten und unerwünscht den Lebensraum der Hafenkatzen und brachten die mühsam aufgebauten Reviergrenzen durcheinander, innerhalb derer sie ihre Ernährung und Fortpflanzung organisierten.

Aber zurück zu Sophus. Die Matrosen mussten den Kater sogar festhalten, erzählt Jensen weiter, bis die Landungsbrücke hinuntergelassen war, denn der umtriebige Kater konnte es offenbar nicht abwarten, an Land zu kommen. Wenn sie ihn freigaben, stürmte er wie der Blitz davon – zurück kehrte er dann eher still und heimlich, und er vermied es, dabei gesehen zu werden. Über eine andere Katze berichtete der Kapitän, dass diese genau wusste, wo sie hingehörte – auch wenn sie an Land ging. Einmal hatte er die Katze sogar in Antwerpen auf dem Kathedralsplatz getroffen, der ein ordentliches Stück vom Schiff entfernt war, doch als sie am nächsten Morgen die Leinen losmachten, war sie wieder an Bord. Und wählerisch war sie: »Nicht so, als ob sie überall an Land ginge. Achtet mal drauf, wenn wir nach Java kommen, da setzt sie keinen Fuß an Land, nein, sie bedankt sich. In Australien oder Kopenhagen – da geht sie an Land und macht Bekanntschaften in Lagerhäusern und auf Dächern –, das ist der zärtlich-wehmütige Gesang, den wir so gut kennen. Aber wenn wir fahren, ist sie immer zur Stelle.«

Die kanadische Autorin Mazo de la Roche hat 1939 eine Erzählung mit dem Titel *Cat kreuzt die Meere* veröffentlicht. Auch Cat, die uns gleich noch mehrfach begegnen wird, liebte den Landgang nach langer Fahrt: »Sie hörte die verschiedenen Laute der Docks, die Rufe, die heiseren Pfiffe der Schiffe, das Rasseln der Winden, roch die vertrauten Gerüche. Es war Musik und Süßigkeit für sie nach so langer Abwesenheit.«

Patrick Fermor beschrieb in seinem Buch *Mani* die Atmosphäre, die Schiffskatzen antrafen, wenn sie in Istanbul von Bord gingen: »Die verruchtesten Vertreter ihrer Gattung findet man in Konstantinopel, wo es von Katzen nur so wimmelt. Nach Einbruch der Dunkelheit hat man den Eindruck, dass die noblen, doch schmutzigen Straßen dieser Stadt im Laternenlicht wabern und brodeln – eine Sinnestäuschung, die durch das unermüdliche Hin und Her unzähliger Katzen entsteht, die manchmal allein, manchmal in kleinen Gruppen tausenden von dunklen, despektierlichen Beschäftigungen nachgehen. Viele von ihnen sehen aus wie zerschundene Musketiere, die mit gebrochener Nase, zerfetzten Ohren oder dem Pendant zu einer Augenklappe durch die Gassen streichen, den mottenzerfressenen Schwanz stolz erhoben wie einen langen Degen in zerschlissener Scheide [...] einfach ihrem Schicksal überlassen, so dass sie ein Freibeuterleben führen müssen, um zu überleben.«

Man kann sich lebhaft vorstellen, wie diese Allianz der Freibeuter reagierte, wenn fremde Katzen in ihr Gebiet eindrangen. Sie konnten ja nicht wissen, dass diese Schiffskatzen nur kurz Landluft schnuppern wollten.

Die Unterbrechung der Enthaltsamkeit

Oft reiste nur eine Katze auf dem Schiff mit, manchmal mehrere gleichen Geschlechts. Selbst wenn sich männliche und weibliche Katzen an Bord befanden, waren die Katzen erstens nicht immer rollig und verstanden sich zweitens nicht mit jedem Kater. Mit anderen Worten: Das Sexleben der Kater hielt sich auf Schiffen in engen Grenzen. Für sie, die immer Paarungsbereiten, bedeutete der Landgang vor allem die Suche nach einer erwartungsvollen Katze. Auf kleinen Inseln hatten die Besuche der Schiffskater sogar biologisch erwünschte Folgen. Auch dies entnehmen wir Fermors Buch *Mani:* »Inselkatzen sind Tiere, die Generationen hindurch in Inzucht gezeugt und in steiler, unkatzenmäßiger Umgebung groß geworden sind und nur gelegentlich eine Blutauffrischung von außen erfahren als Andenken an den kurzen Besuch eines durchreisenden Schiffskaters.«

Amerika hingegen hat der Schiffskatze nicht nur eine Auffrischung der vorhandenen Population, sondern sogar eine eigene Katzenrasse zu verdanken, die Maine Coone. Sie entstand in den sechziger Jahren des 19. Jahrhunderts in Maine, dem nordöstlichsten und größten der Neuenglandstaaten an der Grenze zu Kanada. Nach dem Ende des amerikanischen Bürgerkrieges, der vertraglichen Einigung über die Grenzstreitigkeiten zwischen Maine und Kanada und dem Erlass des ersten amerikanischen Prohibitionsgesetzes 1851 in Maine entwickelte sich der Bundesstaat zu einem stark gefragten Einwanderungsland. Mit den Siedlerschiffen kamen langhaarige skandinavische oder russische Katzen ins Land, die sich schnell den örtlichen Gegebenheiten anpassten. Der lange und harte Winter in Maine begünstigte Katzen mit langem und dichtem Fell, die aufgrund ihrer Größe sogar zur Hasenjagd befähigt waren. Die bis zu zwanzig Pfund schwere Maine Coone war in besonderem Maße geeignet, in diesem Umfeld zu überleben, und verbreitete sich schnell. Anfang des 20. Jahrhunderts sank ihre Beliebtheit durch die Einführung der viel kleineren »wohnungsgeeigneten« Perserkatze drastisch. Erst in den fünfziger Jahren des letzten Jahrhunderts besann man sich wieder auf die einzige »eigene« Katzenrasse. Heute gehört sie zu den beliebtesten Katzen in den USA.

Wie werden wohl die gewöhnlich als rau und derb dargestellten Seeleute reagiert haben, wenn sie den Paarungsakt von Katze und Kater miterlebten? Leider findet sich keine entsprechende historische Quelle. Das Liebesspiel der Katzen ist laut, aber kurz. Der Gesang der rolligen Katze, die damit einen Kater anlocken möchte, ist dagegen laut und lang. Der Begründer der modernen japanischen Haiku- und Tanka-Dichtung Masaoka Shiki hat seine Erfahrungen mit liebesbereiten Katzen in einem Haiku so formuliert: »Schrecklich! Den Steinwall / haben sie zu Fall gebracht, / Katzen in der Brunst.«

Auf einem Schiff können diese Töne viele Tage und Nächte erklingen – vor allem dann, wenn kein Kater an Bord ist. Der Schriftsteller Philipp Mayer hat in seinem Buch *Erinnerungen aus Jerusalem und Palästina* 1858 darüber Klage geführt. Acht Tage nach seiner Abreise von Triest freute er sich zwar über den ersten lieblichen Frühlingstag, der Heiterkeit auf alle Gesichter zauberte und dafür sorgte, dass »sogar die düsteren Albanesen etwas menschlicher aussahen«. Doch dann verdunkelte die Erinnerung sein Gemüt: »Zu allem Elende der vergangenen Nächte kam auch noch der leidige Märzengesang unserer Schiffskatze, die, ohngeachtet ihr Verderben geschworen wurde, sie über Bord zu werfen, die Verwegenheit hatte, in unserer Kajüte herumzujammern […] Hätte nicht gedacht, dass mir auch auf dem Meere einmal eine Katzenmusik gemacht würde, wie in meinem lieben Vaterlande.«

Aber auch außerhalb ihrer Brunstzeit sind Katzen musikalische Tiere. Man kann sicherlich darüber streiten, ob die Gesänge der Kater und Katzen vor und beim Liebesspiel *schön* sind. Unbestritten hingegen ist die Tatsache, dass Katzen gern Musik hören. Dies kann man zahllosen Äußerungen von Schriftstellern und anderen Künstlern entnehmen. So erzählt beispielsweise der französische Autor Théophile Gautier: »Auf einem Stapel von Notenblättern sitzend, hörte Madame-Théophile aufmerksam und vergnügt zu, wie Sängerinnen bei mir, am Klavier eines Musikkritikers, Proben ihres Könnens ablegten. Schrille Töne gingen ihr freilich auf die Nerven.« Das Klavier scheint das Lieblingsinstrument der Katzen zu sein – im Zusammenhang mit musikalischen Katzen wird es jedenfalls am häufigsten in der Literatur erwähnt. So auch bei Marcel Jouhandeau: »Sobald ich mich ans Klavier setze, schleicht der Musikliebhaber näher, und noch niemals habe ich Minos dabei ertappt, dass er, solange das Konzert dauerte, mit etwas anderem beschäftigt gewesen wäre, als andachtsvoll zu lauschen; auch ist mir nicht erinnerlich, dass er dem Instrument je den Rücken zugedreht hätte. Als gebiete dies der Respekt, kehrte er bei der ersten Note sich den Tönen zu, geschlossenen Auges.« Auch Henning Mankell lebte mit musikalischen Katzen – doch nicht jede war so respektvoll wie Minos: »Einige meiner Katzen liebten Musik. Ich erinnere mich besonders an eine, die stets einschlief, wenn ich Bach spielte.« Manchmal hören Katzen sogar konzentrierter der Musik zu als die Menschen, mit denen sie zusammenleben. Der Maler Balthus erzählt davon in seinen *Erinnerungen*: »Sie lauschen Mozart mit mir, während ich im Salon vor den großen Fensterscheiben einschlummere, die das goldene Licht der Nachmittagssonne hereinlassen. Gewiss kennen die Katzen die Partitur von Così fan tutte auswendig.« In der Malerei taucht das Motiv der musikalischen Katze ebenfalls häufig auf. Der Neapolitaner Gaspare Traversi (1732–1769) hat auf seinem Gemälde *Das Konzert* eine Musik hörende Katze dargestellt. Sie liegt mit angewinkelten Vorderpfoten vor einem Cembalo, dreht dem Betrachter den Rücken zu und lauscht mit spitz aufgerichteten Ohren der Musik. Die um das Cembalo versammelten älteren Menschen konzentrieren sich dagegen eindeutig auf die hübsche Cembalospielerin. Dieses Bild soll uns demnach sagen: Allein die Katze genießt die Musik.

Über musikalische Schiffskatzen ist sehr wenig bekannt. Das mag daran liegen, dass die Gesänge der Matrosen, ihre Volkslieder und Shantys, nicht dem Geschmack der Katze entsprechen. Die einzige Schiffskatze mit ausgeprägt musikalischer Neigung findet man in einer Erzählung des deutschen Schriftsteller Wolfgang Hildesheimer. Doch auch sie hat eindeutig eine Vorliebe für klassische Musik. *Der Kammerjäger* ist eine schwarzhumorige kriminalistische Rattenfänger-von-Hameln-Geschichte. André, eine Hauptfigur der Erzählung, spielt gern auf seiner Okarina, einem afrikanischen Flöteninstrument. Er spielte sie erstmalig in einer nordafrikanischen Hafenstadt und bemerkte plötzlich, dass er »von einer Anzahl von Ratten und Mäusen aller Gattungen und Farbe umgeben war, die aus den Schiffen, die vor Anker lagen, zu mir herströmten«. Da zu dieser Zeit die Pest ausgebrochen war, zog André mit dem Militärmarsch von Schubert zum städtischen Gesundheitsamt, wo man die gefährlichen Tiere fing und ihm einen ordentlichen Batzen Geld aushändigte. Danach bot er seine Dienste auf einem Schiff an. Dort gab es zwar keine Ratten und Mäuse mehr,

»wohl aber Wanzen und Flöhe, die mein Okarainaspiel ungeheuer anlockte. Auf Deck wurde ein breiter Kreis von Leim gestrichen, ich setzte mich auf einen Stuhl in die Mitte und spielte das ›Ständchen‹ von Schubert. Nach einer Weile kam das Ungeziefer angehüpft, blieb am Leim stecken und musste elendiglich verrecken. Danach gab es auf dem Schiff kein Ungeziefer mehr; es tat mir überdies leid, dass meine Musik immer nur das Verderben schuldloser Tiere bedeuten sollte, und so spielte ich nur noch in der Abenddämmerung für die Schiffskatze, die mir mit fast tänzerischen Bewegungen um die Beine strich. Der ›Tanz seliger Geister‹ war ihre Lieblingsmelodie.«

Abfahrt nicht verpassen!

Zu den großen Rätseln der Schiffskatze gehört die gut dokumentierte Fähigkeit, den Zeitraum der Abfahrt ihres Schiffes zu erspüren und pünktlich zur Stelle zu sein. Darüber wundert sich neben vielen anderen Autorinnen und Autoren auch Mark Twain in seinem Reisebuch *Meine Weltreise nach Indien:* »Wir haben drei große Katzen an Bord, sehr leutselige Bummler, die sich auf dem ganzen Schiff herumtreiben; die weiße Katze folgt dem Proviantmeister überall hin wie ein Hund; auch ein Korb mit jungen Kätzchen ist da. Wenn das Schiff in den Hafen kommt, sei es in England, Indien oder Australien, so begibt sich der eine Kater an Land, um zu sehen, wie es seinen verschiedenen Familien ergeht, und man bekommt ihn erst wieder zu Gesicht, wenn das Schiff im Begriff ist, die Anker zu lichten. Woher er das Datum der Abfahrt weiß, kann niemand sagen; vermutlich kommt er täglich zum Hafendamm und sieht sich um; wenn viel Gepäck an Bord geschafft wird und die Passagiere sich einfinden, merkt er daran, dass es auch für ihn Zeit ist, wieder das Schiff zu besteigen. Wenigstens glauben das die Matrosen.«

Diese Erklärung klingt plausibel, doch auch von Frachtschiffen ohne Passagierverkehr, von Expeditionsreisen und Kriegsschiffen hört man immer wieder, dass die Schiffskatzen die Abfahrt nur sehr selten verpassen. Der Transport von Gepäckstücken und das Einfinden der Passagiere kann also nicht der einzige Grund für diese Fähigkeit sein. Bei der Vorbereitung zum Auslaufen eines Schiffes stellt sich sicher eine besondere Stimmung bei den Seeleuten ein. Katzen sind sehr feinfühlige Wesen: Sie sagen beispielsweise durch ihr Verhalten Erdbeben und Tsunamis voraus (wie viele andere Tiere auch, wenn man nur darauf achtet) und verfügen über die bis heute rätselhafte Begabung, zu ihrem Revier zurückzufinden, auch wenn man sie viele Kilometer davon entfernt aussetzt. Vermutlich ist es die Summe verschiedener Faktoren, die es Katzen ermöglicht, die Zeit des Auslaufens ihres Schiffes auszumachen.

Man hat aber auch schon gehört, dass Katzen die Abfahrt ihrer Schiffe verpasst haben. Dies schildert Gustav Schenk in seiner Erzählung *Seefahrer Kador*. Der Schiffskater verbummelte die Abfahrt seines holländischen Dampfers Over Flake in Rio de Janeiro und heuerte notgedrungen auf einem anderen Schiff an. Monate später lief dieses Schiff in Algier ein, und kurz nach dem Anlegen geriet der Kater in Bewegung. Er hatte die gerade auslaufende Over Flake entdeckt und versuchte nun mit all seinen Kräften und den abenteuerlichsten Sprüngen über verschiedenste Boote und Schiffe hinweg sein Schiff zu erreichen, verfehlte dieses jedoch im letzten Moment an der Mole, als es gerade dabei war, den Hafen zu verlassen. Doch der Kater gab nicht auf: »Kador stand nun am äußersten Ende des Bollwerkes, lief, das Maul in der Erschöpfung aufgesperrt, unsicher hin und her. Er miaute einmal, leise und ganz kläglich, sah mit verbogenen Augen hinunter in das Wasser, zum Dampfer hinüber und ratlos auf seine Pfoten und stürzte sich dann mit plötzlichem Entschluss ins Meer. Er sank unter, tauchte auf, schwamm mit weit aufgerissenen Augen und angelegten Ohren hinter dem Schiff her, eilig mit den Pfoten rudernd.« Das war der Moment, in dem die Over Flake beidrehte. Viele Matrosen, Hafenarbeiter und Händler sahen dem ungewöhnlichen Schauspiel zu, bei dem sich ein verrückter Kapitän von seinem Schiffskater den Kurs diktieren ließ.

Für nahezu jedes bekannte Verhaltensmuster von Katzen gibt es mindestens eine Ausnahme. Das ist bei Schiffskatzen selbstverständlich nicht anders. So finden wir in der Literatur auch eine Katze, die keinem einzigen Schiff treu bleibt, sondern ihren Arbeitsplatz und Lebensraum in fast jedem Hafen wechselt. Die bereits erwähnte Autorin Mazo de la Roche schildert in ihrer Erzählung *Cat kreuzt die Meere* eine Schiffskatze, die diesem Lebensprinzip folgt. Cat wird »mitten in einem fürchterlichen Sturm, bei dem die Mannschaft jeden Augenblick geglaubt hatte, es wäre ihr letzter«, an Bord des Kohlendampfers Sultana in einem Wurf von vier Kätzchen geboren. Ihre Geschwister sind ingwerfarben, sie selbst schwarz. Der Heizer des Schiffes mutmaßt über die jungen Katzen, dass sie zusammen mit dem Schiff und der Mannschaft untergehen werden. Doch er irrt. »Wunderbarerweise schien es, als legte sich der Sturm. Die Wogen beruhigten sich. Das Schiff gehorchte dem Steuer wieder. Ohne Ausnahme erklärten alle, dass sie ihre Rettung einzig und allein der im richtigen Augenblick erfolgten Geburt des schwarzen Kätzchens zu verdanken hatten.« Cats Ruf als Glücksbringer verbreitet sich unter den Seeleuten. Doch obwohl sie von allen Matrosen gehätschelt und verwöhnt wird, verlässt sie kurz vor ihrem ersten Wurf das Schiff, was alle in Verzweiflung stürzt. »Da man nicht wusste, wohin sie gegangen war, durchsuchte die Mannschaft die ganzen Docks von Liverpool nach ihr, natürlich ohne Erfolg. Mit knapper Not konnte der Kapitän seine Leute überreden, wieder in See zu stechen. Und richtig, die Fahrt brachte böses Wetter und allgemeine Unzufriedenheit.« Im Gegensatz dazu können die Norweger, auf deren Schiff Cat desertiert ist, die erfolgreichste Fahrt verbuchen, die sie je gemacht hatten. Als sie bald darauf kurz in Liverpool vor Anker gehen, prahlt der Steuermann mit Cat – er rühmt »ihre Klugheit, ihre Schwärze und das Glück, das sie ihnen gebracht hatte«. Dies erfährt zufällig ein Mitglied der Mannschaft der Sultana, woraufhin man Verhandlungen mit den Norwegern aufnimmt. Doch die Norweger wollen Cat nicht mehr hergeben. Sie sind bereit, der Sultana ein Tier aus ihrem Wurf zu geben, aber Cat wollen sie behalten. »Die Mannschaft der Sultana lungerte überall in den Docks herum mit Bücklingshappen in den Taschen, weil nämlich Cat eine Schwäche für Bücklinge hatte. Aber die Norweger bewachten ihre Katze mit Argusaugen.« Allerdings kann man eine Schiffskatze nur schwer bewachen, und im richtigen Moment ist ein Matrose der Sultana zur Stelle und bringt sie auf sein Schiff. »Cat blieb während zweier Reisen bei ihnen. Dann verschwand sie erneut, diesmal zugunsten eines Öltankers [...] Und so führte sie fortan ein Leben voller Abwechslung und Abenteuer! Sie wählte sich ihre Schiffe aus und blieb auf ihnen, bis ihr Hang zur Abwechslung sie bestimmte, sich wieder ein anderes Quartier zu suchen. Alle Seeleute kannten sie, und jeder wusste: das Schiff, auf dem sie mitreiste, hatte Glück!«

Cat gehört also zu den Schiffskatzen, deren Geschichten und Abenteuer »alle Seeleute kannten«. Vermutlich ist Cat nur eine literarische Fiktion von Mazo de la Roche, doch sie deutet darauf hin, dass Schiffskatzen in früheren Zeiten tatsächlich zu großer Bekanntheit gelangen konnten – durch ihren Fleiß oder ihre Faulheit bei der Mäusejagd, durch das Glück oder Unglück, das sie ihren Schiffen brachten, und andere erfreuliche oder schreckliche Vorkommnisse, mit denen sie in Verbindung gebracht wurden. Matrosen, Offiziere und Kapitäne wechselten häufig die Schiffe und konnten die persönlich erlebten oder mündlich überlieferten Taten oder Untaten von Katzen anderer Schiffe weiter verbreiten. Man kann sich gut vorstellen, dass diese Geschichten mündlich weitergetragen, in Hafenkneipen ausgesponnen, im Laufe der Zeit immer mehr ausgeschmückt und schließlich legendär wurden – Seemannsgarn eben. Zu jenen berühmten Schiffskatzen zählt auch Kador: »Ich erkannte den grauen Helden an seiner furchtbaren Narbe, von der jeder vielbefahrene Seemann erzählen kann«, heißt es in der Erzählung von Gustav Schenk. »Sein Mut, seine Entschlossenheit, sein Stolz, eben sein vollkommener Katercharakter, verschafften ihm bei den Seeleuten unter den Tausenden reisender Katzen einen besonderen Platz. Er war das Zeichen einer guten Fahrt. Glücklich das Schiff, dessen Planken Kadors weiche Sohlen berührten.«

Eine ebenfalls sehr berühmte Schiffkatze hieß Minnie. Sie war eigentlich gar keine Schiffskatze, jedenfalls nicht in ihrem »Hauptberuf«. Minnie arbeitete vierzehn Jahre in den Laboratorien von Standard Oil in New Jersey als Mäusefängerin. Obwohl sie niemals Urlaub nahm, war ihr eine lange Reise vergönnt – sie musste für eine entlaufene Kollegin einspringen und fuhr auf einem Tanker der Gesellschaft als Schiffskatze nach Venezuela, Rückreise inbegriffen. Minnie starb im Alter von sechzehn Jahren. Ihren Posten übernahm schließlich einer ihrer zahlreichen Söhne, dem man den Namen eines konkurrierenden Unternehmens gab: »Esso junior«. Es gab für Minnie sogar einen Eintrag in einer Liste der fest Angestellten von Standard Oil, New Jersey: »Arbeitszeit 24 Stunden am Tag, 7 Tage in der Woche, keine Ferien. Lohn 3,20 $ im Monat.«

Robinsons Inselkatzen

Zu den unzähligen namenlosen Schiffskatzen gehören auch Robinson Cruoses Inselkatzen. Bei ihnen handelt es sich genau genommen gar nicht um Schiffskatzen, wohl aber um deren Nachkommen. Wie bereits erwähnt, blieben Schiffskatzen manchmal auch an Land, ließen sich dort nieder, vermehrten sich und verwilderten. Nun handelt es sich bei Daniel Defoes *Robinson Crusoe* zwar um einen Roman, aber keinesfalls um eine rein fiktive Geschichte. Im Gegenteil: Daniel Defoe ist durch einen tatsächlichen Vorfall zu seinem

Buch inspiriert worden, durch die Geschichte von Alexander Selkirk. Der schottische Freibeuter fiel schon in seiner Jugend durch sein streitsüchtiges Wesen auf und wurde einmal wegen ungebührlichen Verhaltens während eines Gottesdienstes vor die Kirchenversammlung geladen.

Am 6. August 1703 heuerte der dreiundzwanzigjährige Raufbold, der wegen seiner Neigung zu Alkoholexzessen und Schlägereien häufig mit dem Gesetz in Konflikt gekommen war, auf dem englischen Kaperschiff St. George unter Kapitän William Dampier an, um wieder einmal einer gerichtlichen Verfolgung zu entgehen. Im Oktober 1704 erreichte das Schiff die 670 Kilometer vom chilenischen Festland entfernte, unbewohnte Isla Más a Tierra im Juan-Fernández-Archipel. Die bis dahin erfolglosen Freibeuter mussten neue Vorräte und Süßwasser aufnehmen. Während ihres Aufenthaltes stellte sich heraus, dass der Rumpf ihres Kaperschiffes durch Bohrmuscheln stark angegriffen war. Alexander Selkirk versuchte vergeblich, die Mannschaft zum Verbleib auf der Insel zu überreden, und wurde schließlich als Unruhestifter zurückgelassen. Andere Chronisten berichten, dass Selkirk freiwillig auf der Insel blieb. Jedenfalls hätten Kapitän und Mannschaft besser auf Selkirk hören sollen – das Schiff sank tatsächlich wenig später und riss fast die gesamte Besatzung in den Tod.

Die Isla Más a Tierra war 1574 von spanischen Seefahrern entdeckt worden und diente Piraten und Freibeutern seither als Schlupfwinkel und zur Bevorratung. Dadurch sind (wie andernorts auch) ursprünglich auf der Insel nichtheimische Katzen und Ratten an Land gekommen. Im Laufe der Zeit sind die Katzen wieder verwildert.

William Dampier hatte Alexander Selkirk mit einer Muskete, Schießpulver und Kugeln, Tabak und Rum, Feuerstein, Beil, Messer und Kochkessel sowie Zusatzkleidung und Bibel versorgt. Da die Insel ausreichend Trinkwasser, Früchte, Fisch, Ziegen und Robben bot, gelang es Alexander Selkirk, vier Jahre und vier Monate zu überleben. Am 2. Februar 1709 lief das englische Freibeuterschiff Duke unter Kapitän Woodes Rogers die Insel an. William Dampier befand sich als Navigator mit an Bord. Die Duke nahm Selkirk auf und Kurs in Richtung Heimat. 1712 veröffentlichte Rogers die Geschichte von Alexander Selkirk in seinem Schiffstagebuch *A Cruizing Voyage round the World*. Unter dem Datum vom 2. Februar 1709 ist dort vermerkt: »Unsere Pinasse kehrte unverzüglich vom Ufer zurück und brachte Bach-Krebse im Überfluß mit, wie auch einen Mann, der mit Ziegenfellen bekleidet war und wilder anmutete, als deren ursprüngliche Besitzer.« Der ausführliche und sehr spannend geschriebene Bericht über Selkirks Inselaufenthalt interessiert uns hier weniger. Doch eine Passage ist sehr aufschlussreich: »Allmählich gewöhnte er sich an seine jetzige Lage und wurde heiterer; dann schnitt er zuweilen seinen Namen und den Tag seiner Aussetzung in die Bäume, sang bekannte Lieder und richtete Katzen und junge Ziegen ab, daß sie vor ihm tanzen mußten. Anfangs hatte er seine Not mit den Katzen und Ratten. Einige dieser Tiere waren wahrscheinlich aus einem hier vor Anker gelegenen Schiff entwischt. Während er schlief, zernagten ihm die Ratten die Beine und Kleider; um sich also diese unangenehmen Gäste vom Hals zu schaffen, lockte er die Katzen mit Ziegenfleisch in seine Hütte, worauf sie sich zu Hunderten um dieselbe herum lagerten und ihre gemeinschaftlichen Feinde abhielten.« Es hat Alexander Selkirk gewiss große Mühe gekostet, die verwilderten und scheuen Katzen wieder an menschliche Gesellschaft zu gewöhnen.

Woodes Rogers Bericht sorgte nicht nur in England für großes Aufsehen, kurz nach seiner Veröffentlichung erfolgte eine Übersetzung ins Französische. Zu den eifrigen Lesern dieses Buches gehörte auch der damals noch weitgehend unbekannte englische Journalist und Schriftsteller Daniel Defoe. Einigen Quellen zufolge soll er sich sogar mit Alexander Selkirk getroffen haben. Jedenfalls begann Defoe damit, eine eigene Version der Geschichte zu schreiben, die 1719 unter dem Titel *The Life and Strange Surprizing Adventures of Robinson Crusoe* in London erschien und seinen Weltruhm begründete.

In dem Teil des Romans, der als *Das Tagebuch* überschrieben ist, findet sich kurz vor dem Datum des 14. August 1660, also fast ein Jahr nach Robinsons Schiffbruch, folgender Eintrag: »Um diese Zeit wurde ich durch unerwarteten Familienzuwachs überrascht. Ich war recht betroffen gewesen über den Verlust einer meiner Katzen, die von mir weggelaufen und, wie ich meinte, umgekommen war. Ich hatte von ihr nichts mehr gesehen und gehört, bis sie zu meinem Erstaunen gegen Ende August mit drei Jungen heimkam. Das kam mir umso seltsamer vor, als ich zwar einmal mit meiner Flinte eine Wildkatze, wie ich es nannte, getötet, sie aber für gänzlich verschieden von unseren europäischen Katzen gehalten hatte. Diese Jungen hier waren jedoch genau von der gleichen Art Hauskatzen wie meine alte. Da zudem meine beiden Katzen Weibchen waren, musste ich den Vorfall in der Tat für sehr sonderbar halten. Allein, von diesen drei Katzen wurde ich hernach derart mit Katzen gesegnet, dass ich sie wie Ungeziefer oder Raubtiere töten und nach Kräften von meinem Haus wegscheuchen musste.«

Überrascht sein muss auch jeder Leser des Robinson, wenn er an diese Stelle kommt, denn mit keinem Wort wird die leidvoll vermisste Katze vorher oder nachher erwähnt. Am Anfang des Tagebuches berichtet Robinson zwar von einer Wildkatze, die er erschießt, um ihr das Fell abzuziehen – deren Fleisch aber »zu nichts taugte« –, doch von einer zahmen Katze ist nirgendwo sonst in dem Buch die Rede. Eine weitere Überraschung birgt die Lektüre einer deutschen Übersetzung des Robinson von 1829. Dort steht im Tagebuch unter dem Datum vom 2. Oktober 1659 eine Passage, die sich in keiner anderen Ausgabe – auch nicht in der englischen – findet:

»Während meiner Abwesenheit war ich nicht ohne Besorgnis, meine Lebensmittel möchten aufgezehrt worden sein, fand aber bei meiner Zurückkunft kein Merkmal eines fremden Gastes, außer daß eine Art wilder Katze auf einer Kiste saß, die bei meiner Annäherung herabsprang, einige Schritte davon ruhig und unbesorgt sitzen blieb, und mir steif ins Gesicht sah, als ob sie Lust hätte, mit mir bekannt zu werden. Ich zielte mit der Flinte nach ihr, das bekümmerte sie aber gar nicht, weil sie damit unbekannt war. Ich warf ihr ein Stückchen Zwieback zu, auf den sie zuging, ihn beroch, verzehrte und dann näher kam, um noch mehr zu erhalten. Da aber mein Vorrat klein war, so fand ich für gut, nicht mehr zu geben, und als sie das merkte, lief sie davon.«

Wirklich überraschend ist dieses Zitat wiederum nicht, denn der *Robinson* von Daniel Defoe hat zahlreiche Übersetzungen, Bearbeitungen und Nachahmungen gefunden. Hier soll nur noch aus Karl Timlichs österreichischem *Robinson* von 1791 zitiert werden, weil sich bei ihm während des Schiffbruchs eine Katze an Bord befindet: »Was den Sturm noch fürchterlicher machte, war ein ununterbrochenes Donnern und Blitzen, welches den ganzen Horizont zu zerreißen schien. Gegen elf Uhr hörten wir einen so heftigen Schlag, dass wir ganz davon betäubet wurden. Das ganze Schiff zitterte; verschiedene befestigte Sachen fielen von ihrer Stelle; und sogar eine Schiffskatze, die sich auf einem Ballen angeklammert hatte, wurde davon heruntergeworfen.«

Für immer an Land

Einmal Schiffskatze, immer Schiffskatze. Das war die Regel. Es gab aber – wie wir bei Robinson schon gesehen haben – auch Ausnahmen. Katzen, die irgendwann die Lust an der christlichen Seefahrt verloren haben, ihr Schiff verließen und für immer abmusterten.

In seinen Erinnerungen an die schwedische Südpolarexpedition von 1901 bis 1903 hat der Polarforscher Samuel August Duse eine ausführliche Schilderung seiner Schiffskatze hinterlassen, die schließlich die Lust an der Seefahrt verlor und sich in Buenos Aires von Bord verabschiedete: »Die beiden männlichen Hunde hielten, sobald sie losgekoppelt wurden, beständig Ausschau nach der Schiffskatze, deren Leben oftmals in Gefahr geriet. Die Katze war das Geschenk einer jungen Dame aus Sandefjord und wurde von den Matrosen als glückmitführend betrachtet. Sei dem, wie es wolle, sie hatte jedoch ihre eigenen Sauberkeitsbegriffe und schien sich vornehmlich für den Gun-Room und unsere Kajüten zu begeistern; kein Platz war ihr dort heilig. Sie hatte eine ungewöhnliche Gabe, sich einzuschleichen, sobald ein Spalt, eine Luke oder dergleichen geöffnet wurde. So hielt sie mich eine ganze Nacht munter durch ihr Miauen und Gejammere, ohne dass ich, trotz aller List, herausbekommen konnte, woher die Laute kamen. Aufgebracht und wütend stellte ich am Morgen in der Kajüte eine Razzia an und erwischte sie schließlich unter meiner Koje in einer Kiste, in der sie zwischen den Kleidern und anderen Dingen eine Gastrolle gegeben und in ihrer selbeigenen Methode gewirtschaftet hatte.

Eines Tages stellte Ekelöf bei einem der Besatzung, bei dem die Katze die letzte Nacht zugebracht hatte, Krätze fest. Wir ergriffen darauf sofort das Tier und nahmen an ihm zu seiner großen Verblüffung eine weniger angenehme, dafür aber gründliche Waschung mit Sublimat vor. Sie wusste unser Wohlwollen jedoch keineswegs zu schätzen, sondern setzte sich energisch zur Wehr, wovon unsere zerkratzten Hände hernach deutlich Zeugnis ablegten. Nach diesem Vorgang schien es dem Miezchen nicht mehr an Bord zu behagen; denn in Buenos Aires, deren Lockreize sichtlich zu stark für dasselbe waren, entschlüpfte es uns mit großer Behendigkeit. Nach der Mutmaßung Skottbergs verschwand es, um sich in irgendeinem Winkel der Großstadt ein stilles Familienglück zu gründen. Dies ist die kurze Geschichte der Schiffskatze. Hiernach erhielten wir neue Katzen.«

Schiffskatzen, die für immer von Bord gingen, wurden zu Hafenkatzen oder suchten sich einen anderen Lebensraum. In der südenglischen Hafenstadt Plymouth berichtete das *Plymouth Journal* 1818 über eine Katze, die sich an der Küste niedergelassen und von der Seefahrt eine ungewöhnliche Fähigkeit mitgebracht hatte: »In der Battery Devils Point, einem der Festungswerke bei Plymouth, lebt eine Katze, die in sehr geschickter Weise Fische fängt. Der

Fischfang ist ihr zur Gewohnheit geworden, täglich taucht sie in die See, fängt Fische und trägt sie im Maule in das Matrosenwachtzimmer, um sie dort niederzulegen. Sie ist jetzt sieben Jahre alt, war stets ein guter Mäusefänger, und man vermutet, dass ihre Jagden auf Wasserratten sie es wagen lehrten, auch auf Fische zu tauchen, die sie bekanntlich sehr lieben. Das Wasser ist ihr jetzt unentbehrlich geworden, sie macht täglich ihre Wanderungen am felsigen Ufer, jeden Augenblick bereit, ins Meer zu tauchen, eine Beute zu erjagen.«

Es gibt aber auch Katzen, die in beiden Welten leben: an Bord eines Schiffes und an Land. Es sind die Katzen der Fischer, die täglich mit ihnen zum Fang auslaufen. Der französische Reiseschriftsteller und Schiffsarzt Pierre Martin de la Martinière berichtete in seinem Werk *Voyage des Pais Septentrionaux,* das 1671 in Paris erschienen ist, von seiner Seereise in den hohen Norden Europas. Nördlich des Polarkreises traf er auf Samen (Lappen), deren Katzen sie beim Fischfang und auf die Jagd begleiteten. In seinem Buch ist Folgendes über den traditionellen Umgang der Samen mit ihren Katzen nachzulesen:»In jedem Haus ist eine große schwarze Katze, die sie sehr wertschätzen und mit der sie reden, als wenn sie Verstand hätte. Sie tun nichts, ohne es ihr vorher mitzuteilen, denn sie denken, dass die Katze ihnen bei ihrem Vorhaben behilflich sei, und vergessen nicht, sie um Rat zu fragen, bevor sie abends ihre Hütten verlassen. Obgleich dieses Tier das Antlitz einer Katze hat, denke ich aufgrund seines fürchterlichen Blickes, dass es sich um einen Hausdämon handelt.«

Ganz außergewöhnliche Katzen findet man an Floridas südlichstem Punkt, auf der ehemaligen Pirateninsel Key West. In den dreißiger Jahren des letzten Jahrhunderts erhielt Ernest Hemingway von einem Kapitän einen abgemusterten Schiffskater zum Geschenk, der sechs Zehen an jedem Fuß hatte, eine Abweichung von der Natur, auch Polydaktylie genannt. Heute wohnen die Nachfahren dieses Katers in Hemingways zum Museum umgebauter Villa im spanischen Kolonialstil. Die etwa fünfzig Katzen werden von der privaten Museumsgesellschaft gefüttert und tierärztlich versorgt. Die meisten dieser Tiere weisen die Anomalität des Schiffskaters auf, dessen Erbgut sich durch viele Katzengenerationen erhalten hat. Um die Größe der Katzenpopulation nicht ansteigen zu lassen, werden die meisten Katzen sterilisiert. Nur zwei Würfe pro Jahr werden zugelassen und aufgezogen. Diese Katzen wissen wohl nichts mehr von den leider nicht überlieferten Erlebnissen und Abenteuern ihres Urahnen auf hoher See.

Etwa drei Kilometer von der Halbinsel Oshika im Nordosten Japans entfernt, liegt die kleine Insel Tashirojima im Pazifischen Ozean. Vor Jahrhunderten lebten viele Inselbewohner von der Seidenraupenzucht. Etwa zur gleichen Zeit kam die Küstenfischerei mit Stell- und Treibnetzen auf. Es waren hauptsächlich Fischer vom Festland, die ihre Netze an der Inselküste aufbauten. Deren Schiffskatzen sorgten für die Verbreitung von Katzen auf der Insel. Dies geschah zur großen Freude der Seidenraupenzüchter, denn Ratten und Mäuse zählen zu den natürlichen Feinden der Raupen. Die Fischer meinten, von den verschiedenen Verhaltensmustern der Inselkatzen Hinweise auf die Wetterlage und Fangquote zu erhalten, und begannen, sie zu verehren. Als die Fischer eines Tages auf der Insel Steine zum Fixieren der Stellnetze abbauten und dabei eine Katze durch einen fallenden Steinbrocken zu Tode kam, begruben sie die Katze und errichteten an dieser Stelle einen kleinen Katzenschrein, der noch heute zu besichtigen ist.

Inzwischen ist die Bevölkerungszahl der Insel auf unter einhundert Personen zurückgegangen. Die Zahl der Katzen übersteigt die der Menschen um mehr als das Zehnfache. Tashirojima ist heute als Katzeninsel weltbekannt und das Reiseziel von Touristen aus aller Welt. Die menschlichen Einwohner leben heute nicht mehr von der Seidenraupenzucht und betreiben den Fischfang hauptsächlich, um die vielen Katzen füttern zu können. Zur Haupteinnahmequelle der Inselbewohner wurden die Inselbesucher. Die Nachfahren der Schiffskatzen werden außerordentlich gut versorgt, sie führen ein sorgenfreies Leben.

SIMON

In der Endphase des chinesischen Bürgerkrieges kam im Herbst 1947 auf einer Werft in Hongkong ein schwarzer Kater mit weißer Schnauze, Brust und Pfoten auf die Welt. Der rechte Flügel der Kuomintang unter General Tschiang Kai Schek kämpfte damals chancenlos gegen den Führer der Kommunistischen Partei Chinas, Mao Tse-tung, um die Herrschaft im Reich der Mitte. Der kleine Kater konnte noch nicht ahnen, dass er einmal indirekt in diesen militärischen Konflikt hineingezogen werden würde.

Auch die Besatzung des britischen Kriegsschiffes Amethyst machte sich über militärische Scharmützel keine großen Sorgen. Schließlich vertrat England offiziell eine neutrale Position und hatte nicht die Absicht, in den chinesischen Konflikt einzugreifen. Der siebzehnjährige Leichtmatrose George Hickinbottom war zu dieser Zeit in Hongkong auf der Amethyst stationiert. Im Frühjahr 1948 wurde er für ein paar Besorgungen auf die Werft geschickt. George hatte vorher schon gehört, dass die Werftkatzen von der Halbinsel Stonecutters Island als Schiffskatzen sehr begehrt waren. Als er dort auf den schwarzweißen Kater traf, nahm er ihn kurz entschlossen mit und schmuggelte ihn an Bord der Amethyst, wo er ihn in seiner Kabine versteckte. Doch die Anwesenheit des Katers blieb nicht lange geheim. Zum Glück stellte sich heraus, dass der Kapitän des Schiffes, Ian Griffiths, selbst ein Katzenfreund war. Und da gerade kein Schiffskater auf der Amethyst Dienst tat, wurde Simon offiziell als Ratten- und Mäusefänger verpflichtet. Er erhielt ein rotes Halsband mit einer runden Metallplakette, auf der die Inschrift *Simon* und darunter *HMS Amethyst* eingraviert war. Simon

Einige Quellen berichten, dass Sir Winston Churchill 1941 an Bord
der HMS Prince of Wales den Schiffskater daran gehindert hat, von
dem britischen Schlachtschiff auf das amerikanische Kriegsschiff
Augusta zu desertieren. Der Kater wurde nach seiner Begegnung
mit dem Premierminister sofort in Churchill umbenannt.

freundete sich mit den Matrosen und Offizieren schnell an und wurde durch einen Trick zum besonderen Liebling von Kapitän Griffiths. Simon ahnte wohl, dass Griffiths sein ranghöchster Vorgesetzter war, denn er machte es sich zur Angewohnheit, getötete Ratten vor dessen Füßen abzulegen. Manchmal deponierte er sie sogar in der Kapitänskabine. Simon und der Kapitän wurden sehr gute Freunde. Simon war immer sofort zur Stelle, wenn Griffths nach ihm pfiff. Der Kater residierte fortan in zwei Räumen: in Georges kleiner Kajüte und in der wesentlich komfortabler ausgestatteten Kapitänskabine. Als Ian Griffiths im Dezember 1948 auf ein anderes Schiff versetzt wurde, übernahm Bernhard Skinner das Kommando. Der neue Kapitän erwies sich ebenfalls als Katzenfreund. Simon gewöhnte sich zwar an ihn, hörte aber nie auf dessen Pfeifen.

Anfang April 1949 lief die Amethyst von Hongkong in Richtung Shanghai aus, um von dort auf dem Jangtsekiang nach Nanking zu fahren. Sie sollte die Consort ablösen, die dort zum Schutz der britischen Botschaft stationiert war. Am Morgen des 20. April geriet die Amethyst, obwohl sie deutlich als englisches, also neutrales Schiff gekennzeichnet war, etwa 100 Seemeilen von der Mündung des Jangtsekiang entfernt unter Granatfeuer rotchinesischer Einheiten und lief infolge der schweren Treffer auf einer Sandbank fest. Der Kapitän und 21 Marines starben bei dem Gefecht. 31 Mann der Besatzung wurden teils schwer verletzt. Auch Simon blieb nicht verschont. Geschossteile verletzten seine Vorderpfoten und durchschlugen seinen Brustkorb. Im Gesicht erlitt er Brandverletzungen, seine Schnurrhaare wurden versengt. Nach der schweren Kanonade schwiegen die Waffen, und es begannen komplizierte Verhandlungen zwischen den kommunistischen und den englischen Offizieren über ein freies Geleit für die Amethyst. Die Chinesen warfen den Briten dabei vor, das Feuer eröffnet zu haben. Erst 1988 gab Ye Fei als Kommandant der rotchinesischen Einheit zu, dass diese zuerst geschossen hatte.

Da die Versorgung der Verwundeten Vorrang hatte, kümmerte sich niemand um Simon, der sich irgendwo auf dem Schiff versteckt hatte. Erst ein paar Tage nach dem Angriff erschien Simon, getrieben von Hunger und Durst, wieder an Deck. Er machte einen schwachen, sehr erschöpften Eindruck, und sein Fell war blutverklebt. Der schwer verletzte Kater wurde sofort untersucht und versorgt. Der Schiffsarzt stellte fest, dass ein Querschläger sein Herz verletzt hatte. Er säuberte Simons Fell, zog ihm mehrere Metallsplitter und nähte seine Wunden, räumte ihm aber kaum Chancen ein, die kommende Nacht zu überleben. Man bereitete ihm ein weiches Bett in einer Ecke der Offiziersmesse und ließ ihn in Ruhe. Doch zur Überraschung aller erholte sich Simon und konnte schon bald wieder seiner Hauptbeschäftigung, dem Ratten- und Mäusefang, nachgehen.

Simon übernahm aber noch eine weitere Aufgabe: Ganz entgegen seines bisherigen Verhaltens an Bord, verbrachte er einen Teil das Tages im Schiffslazarett bei den Verwundeten auf ihren Betten, stapfte mit den Pfoten und schnurrte dabei so laut er konnte. Die Verletzten schöpften Hoffnung durch die Anwesenheit des Überlebenskünstlers und freuten sich über seine Visiten, die ihnen halfen, über ihre traumatischen Erlebnisse hinwegzukommen.

Die Verhandlungen über einen freien Abzug der Amethyst zogen sich weiter in die Länge, und es schien, als würden sie bis zum Ende des Bürgerkrieges dauern. Die chinesischen Kommunisten forderten den sofortigen Abzug aller ausländischen Militärs aus China und setzten damit lange Verhandlungen auf dem internationalen diplomatischen Parkett in Gang.

Währenddessen absolvierte Simon unverdrossen seinen Dienst und tötete so viele Ratten wie nur irgend möglich. Das war auch dringend notwendig, denn zahlreiche Ratten machten sich inzwischen über das festliegende Schiff und seine Lebensmittelvorräte her. Die aufgestellten Fallen zeitigten nur mäßigen Erfolg, und die Mannschaft war auf Simons Fähigkeiten angewiesen, der trotz seiner noch nicht ganz verheilten Wunden jeden Tag bis zu fünf Ratten tötete. Besonders eine riesige, fette und gefährliche Ratte machte dem Schiff zu schaffen. Die Matrosen hatten sie auf den Namen Mao Tse-tung getauft. Sie überfiel das Schiff täglich mit vielen kleineren Ratten im Gefolge und richtete großen Schaden an. Jeder Versuch, sie zu töten, war bisher fehlgeschlagen. Eines Tages kam es zu dem von der Mannschaft gleichermaßen befürchteten wie ersehnten Kampf zwischen Mao und Simon, in dem der gesundheitlich nach wie vor gehandicapte Kater die Monsterratte erledigte.

Spätestens jetzt avancierte Simon vom Liebling der Matrosen zum Kriegshelden. »Ohne Simon hätte uns das Rattenheer glatt überwältigt«, berichtete später ein Offizier über Simons Rolle in dieser Zeit. Sein unermüdlicher Kampf gegen die Ratten dauerte mehr als drei Monate. Am 30. Juli unternahm der neue Kapitän John Kerans aufgrund der katastrophalen Versorgungslage im Schutz der Nacht einen erfolgreichen Fluchtversuch. Das Schiff erreichte am nächsten Morgen die offene See. An diesem 1. August versammelte sich die gesamte Mannschaft der Amethyst zu einer ungewöhnlichen Zeremonie an Deck des Schiffes. Simon wurde vom Schiffsjungen Sidney Horton im Arm gehalten. Alle Offiziere und Matrosen standen in Reihe, als Simon mit einem Ordensband der Amethyst für seine Verdienste ausgezeichnet und zum Vollmatrosen ernannt wurde. Die Begründung für die Auszeichnung verlas der Unteroffizier George Griffiths: »Vollmatrose Simon, für hervorragende und anerkennenswerte Dienste auf der HMS Amethyst wirst du heute mit dem Ordensband für Tapferkeit der Amethyst ausgezeichnet. Es sei hiermit zur Kenntnis gegeben, dass du, Simon, am 26. April 1946, als die Amethyst an der Rose Bay festlag, trotz schwerer Wunden allein und unbewaffnet den Kampf gesucht und Mao Tsetung besiegt hast, eine Ratte, schuldig an zahlreichen Sturmangriffen auf unsere knappen Lebensmittelvorräte. Es sei weiter festgehalten, dass du bis zum heutigen Tag mit unbeugsamer Treue Seuchen und Schädlinge von der Amethyst ferngehalten hast.«

Die Nachricht von Simons tapferem Kampf gegen die Ratten und besonders gegen Mao Tse-tung ging in der Zeit des Kalten Krieges wie ein Lauffeuer um die Welt, Simon wurde zum ersten feliden Medienstar der Geschichte. Neugierige und Journalisten fanden sich jeden Tag am Schiff ein, um Simon zu sehen und zu fotografieren. Reporter fragten die Seeleute nach seinen Erlebnissen aus. Der Kater soll sogar einmal Autogramme in Form von abgenommenen Pfotenabdrücken gegeben haben.

Während die Amethyst in Hongkong für die Rückfahrt nach England repariert wurde, erreichte Kapitän John Kerans die Nachricht, dass die Tierschutzorganisation People's Dispensary for Sick Animals (PDSA) beschlossen hatte,

Simon mit der Dickin Medal auszuzeichnen, sofern er Simon dazu vorschlagen würde. Zum ersten Mal sollte eine Katze und mit ihr ein Kriegsheld der Marine mit der Medaille geehrt werden. Die von der Pionierin der englischen Tierschutzbewegung Maria Dickin 1943 erstmals verliehene Medaille ist die höchste britische Auszeichnung für Tiere, die sich im Kriegseinsatz verdient gemacht haben. Die aus Bronze bestehende Medaille trägt die Aufschrift *For Gallantry / We also serve*. Sie hängt an einem gestreiften Band in den Farben Grün, Braun und Blau, die für die See-, Land- und Luftstreitkräfte stehen. John Kerans verfasste umgehend dieses (hier leicht gekürzte) Empfehlungsschreiben:

»Es drangen viele Ratten in unser stark getroffenes Schiff ein, die sich in den kaum mehr zugänglichen Räumen schnell vermehrten. Sie stellten eine echte Bedrohung für die Gesundheit der Besatzung dar. Simon stellte sich edel dieser Herausforderung, und nach zwei Monaten hatte er die Rattenplage erheblich vermindert. Während des ganzen Zwischenfalls war Simons Verhalten höchst vorbildlich.«

Daraufhin wurde die Verleihung der Auszeichnung am 10. August von der PDSA in London einstimmig beschlossen. Die öffentliche Bekanntgabe der Verleihung dieser Auszeichnung machte Simon endgültig zu einer globalen Berühmtheit. In Hongkong wurden Fototermine anberaumt, und die Bilder von Simon gingen um die Welt. Der Kater mochte den Rummel um ihn herum jedoch gar nicht, oft floh er vor den Fotografen. Und als es ihm eines Tages wirklich zu bunt wurde, rannte er kurz entschlossen über den Landungssteg an Land und verschwand im Hafengewimmel.

Weil er dies nie zuvor getan hatte, sandte John Kerans einen Teil der Mannschaft aus, um Simon zu finden, was jedoch nicht gelang. Drei Stunden später erschien Simon von selbst wieder auf dem Schiff.

Die Heimfahrt der Amethyst geriet für Simon zu einem Schaulaufen. Das Schiff lief unterwegs die Häfen von Singapur, Penang, Colombo, Aden, Suez Malta und Gibraltar an. In jedem Hafen warteten bereits Pressevertreter auf Fototermine und Interviews, und viele Menschen versammelten sich am Kai, um einen Blick auf den legendären Kater zu werfen.

Am 1. Oktober 1949 rief Mao Tse-tung die Volksrepublik China aus. Genau einen Monat später erreichte die Amethyst ihren Heimathafen Plymouth, wo sie begeistert empfangen wurde. Doch Simons Berühmtheit bewahrte ihn nicht vor den strengen Regeln der englischen Quarantänebestimmungen: Er musste für sechs Monate in ein Tierheim.

Dort sollte er am 11. Dezember mit der Dickin Medal ausgezeichnet werden. Die Namensgeberin der Medaille und der Oberbürgermeister von London wollten an der feierlichen Zeremonie teilnehmen. Am 27. November machte Simon plötzlich einen völlig teilnahmslosen Eindruck. Der schnell herbeigerufene Tierarzt untersuchte ihn gründlich, diagnostizierte hohes Fieber, eine Darminfektion und verabreichte ein Antibiotikum. Ein Pfleger des Tierheims wachte die ganze Nacht an seiner Seite, doch Simon starb am frühen Morgen im Alter von etwa zwei Jahren. Laut Auskunft des behandelnden Arztes hatte sein durch die Verwundung geschädigtes Herz einfach aufgehört zu schlagen. Auch diese traurige Nachricht verbreitete sich blitzschnell.

Diese Gedenktafel erinnert an Simons heroischen Einsatz
auf dem Jangtsekiang im Jahr 1949.

Radiostationen und Zeitungen weltweit meldeten Simons Tod. Das *Time Magazine* veröffentlichte einen Nachruf mit Foto. John Kerans und die Mannschaft der Amethyst waren völlig niedergeschlagen, als sie von Simons Tod erfuhren. In den folgenden Tagen erreichten Wagenladungen von Karten, Briefen und Blumen das Tierheim.

Simon wurde auf dem Tierfriedhof der PDSA in London in einem eigens für ihn hergestellten Sarg beigesetzt, der mit einem kleinen Union Jack bedeckt war. Auf seinem Grabstein steht die Inschrift: »In Erinnerung an Simon / Gedient auf der HMS Amethyst von Mai 1948 bis September 1949 / Ausgezeichnet mit der Dickin Medal im August 1949 / Gestorben am 28. November 1949 / Während des Vorfalls am Jangtsekiang war sein Verhalten von größter Vorbildlichkeit.«

Simons Dickin Medal wurde übrigens auf der Amethyst verwahrt, bis das Schiff 1957 verschrottet wurde. Danach wurde sie von einem kanadischen Sammler auf einer Auktion ersteigert. 1993 kam sie erneut auf eine Auktion. Der Schätzwert wurde festgelegt auf £ 3 000,- bis £ 5 000,-.

Die Medaille wurde von einer Filmgesellschaft für £ 23 100,- erworben und lagert in einem Banktresor, wenn sie nicht gerade in einer Ausstellung gezeigt wird.

ABGEMUSTERT:
ABSCHIED VON DER SCHIFFSKATZE

Von der Schiffskatze zur Landratte

»Der Hauptwerth der Katzen besteht darin, dass sie gute Mäuse- und Rattenfänger sind, weswegen sie auch auf Seeschiffen gehalten werden«, heißt es in einem *Konversations-Lexikon für das deutsche Volk und die studirende Jugend* aus dem Jahr 1876. Zu dieser Zeit baute man bereits Schiffe aus Eisen, die viel weniger Schlupflöcher für Ratten und Mäuse boten als ihre Vorgänger aus Holz. Mit dem Aufkommen von Metallschiffen und der Verbreitung chemischer Vernichtungsmittel begann in den folgenden Jahrzehnten das Aussterben der Schiffskatze. 1931 hatte sie sich bereits weitgehend aus dem maritimen Leben verabschiedet.

Im gleichen Jahr erschien ein bemerkenswertes Buch des französischen Bakteriologen Adrien Loir, eines Neffen des berühmten Louis Pasteur. »Als einziges sanitäres Mittel, um den Ratten den Zugang zu rattenfreien Schiffen zu verwehren, um ihr Eindringen in die Docks zu verhindern, drängt sich die Katze auf«, schrieb Loir in *Vom Nutzen der Katze*. Angesichts moderner Schiffe und effektiv wirkender Rodentizide klang diese Empfehlung wie ein letztes Aufbäumen gegen den unaufhaltsamen Wandel, wie eine Mahnung, die ergebnis- und erlebnisreiche Geschichte der Schiffskatze und ihres Wirkens nicht dem Vergessen preiszugeben. Wenn Adrien Loir sein Empfehlungsschreiben für die Schiffskatze als Appell verstanden haben wollte, so war dieser vergebens, denn heute existiert die Schiffskatze nicht mehr. Der Übergang von Holz- zu Stahlschiffen, zu chemischen Ratten- und Mäusevernichtungsmitteln und schließlich die Einführung der Schiffscontainer am 26. April 1956 durch den amerikanischen Reeder Malcolm McLean haben die Schiffskatze von Bord vertrieben.

Auch aus dem Weichbild der Überseehäfen haben sich die Katzen weitgehend zurückgezogen. Auf den Stützpunkten der globalen Seefahrt herrscht kein munteres Leben mehr. Von wenigen Menschen gesteuert, organisieren gewaltige Krananlagen das Löschen und Laden der Güter. Diese sind in normierten Containern verstaut, zu denen Ratten und Mäuse keinen Zugang mehr finden. In den alten Speichern lagern keine Pfeffersäcke oder Tabakballen mehr. Sie sind in Büros, Museen, teure Lofts, hippe Locations oder Workspaces der digitalen Boheme verwandelt worden.

Ab und zu sieht man Schiffskatzen noch auf kleinen Hausbooten oder Frachtschiffen auf Flüssen. Dort gehen sie jedoch nicht mehr ihrer ursprünglichen Berufung nach, sie sind einfache Hauskatzen, die auf Schiffen leben. Die Schiffskatze wurde zur arbeitslosen Landratte.

Die Wiedergeburt der Schiffskatze im Kinderbuch

Die Katze kann auf eine relativ lange Geschichte im Kinderbuch zurückblicken. Sie hinterließ ihre Spuren in Bilderbüchern und Fibeln, Sachbüchern und Romanen, Kinderlexika und Ausmalbüchern, Schul- und Märchenbüchern. Zuerst ist sie wohl in Büchern zum Gebrauch an Schulen aufgetaucht, vielleicht 1771 erstmalig in der *Unterweisung in den vornehmsten Künsten und Wissenschaften zum Nutzen der Schulen* von Johann Christoph Adelung. »Welche Thiere dienen dem Menschen zur Sicherheit und zum Vergnügen?«, heißt es in diesem Frage-Antwort-Buch. Und die Antwort: »Der Hund und die Katze. Jener wider Diebe und einige Raubthiere, diese aber wider Mäuse und Ratten. Eine der vornehmsten Arten der Hunde ist der Jagdhund. Unter den Katzen giebt es auch wilde, die in den Wäldern wohnen.« Das ist die einzige Erwähnung von Hunden und Katzen in dem fast fünfhundert Seiten starken Werk. Interessant ist jedoch, dass Hunde und Katzen hier als Tiere zum Vergnügen bezeichnet und nicht allein auf ihren Nutzwert reduziert werden.

Die Schiffskatze hingegen hat sich im Kinder- und Jugendbuch erst im 20. Jahrhundert eingeschlichen, als es sie kaum noch gab. Erst seit ihrem Verschwinden beflügelt sie die Phantasie der Autoren und Kinder. Doch die Anzahl der Bücher, in denen Katzen noch einmal Meeresluft schnuppern, in fernen Häfen stromern, über Bord gehen und gerettet werden dürfen, bleibt überschaubar – so wie die gesamte Literatur über Schiffskatzen. Werfen wir also einen Blick auf die Kinder- und Jugendbücher vergangener Jahrzehnte, in denen Schiffskatzen die Hauptrolle oder wenigstens eine tragende Nebenrolle spielen.

1941 erschien unter dem Titel *Jäpkes Insel* im Hamburger Ellermann Verlag ein Kinderbilderbuch der Illustratorin Lenore Gaul. Der Kinderbuchspezialist Hans Ries sieht eine Besonderheit des Buches darin, dass sich in den »klaren, ebenso anschaulichen wie lustig-vielgestaltigen Bildern keine Spur von Sentimentalität findet, keine Kraftmeierei und kein falsches Pathos. Der Held Jäpke mit seinem aufgeweckten Blick ist zudem nichtarischer Abstammung, nämlich Lappe, und auch die vielen Menschen, die in den Bildern auftreten, sind samt und sonders weit davon entfernt, den dummdreisten Ansprüchen nationalsozialistischer Rassevorstellungen zu genügen. Die märchenhaft geschilderten Schauplätze, auf denen sich Jäpkes Erlebnisse vollziehen, liegen alle irgendwo auf der Weltkugel, nur nicht in Großdeutschland.« Eine weitere Besonderheit dieses wunderschönen Kinderbuches ist die Katze Tuttelsanft, die den Jungen Jäpke auf seinen Abenteuern an Land und auf See begleitet und dabei Fische fängt, auf einem Piratenschiff Futter stibitzt, den Piraten mit Jäpke und der kleinen Prinzessin Esmeralde auf einem leeren Holzfass über das Meer entflieht und allerlei andere Abenteuer erlebt. Eine waschechte Schiffskatze ist Tuttelsanft jedoch nicht. Nur ein Missgeschick verschlägt sie aufs Meer, und nach einigen Abenteuern ist sie froh, wieder Land unter den Pfoten zu haben.

Der im Vergleich zu *Jäpkes Insel* sehr unscheinbare Pappband *Mira die Schiffskatze* von Heinz Rieder aus dem Jahr 1948 ist trotz seiner künstlerisch bedeutungslosen Zeichnungen eine kleine Perle. Der Autor zahlreicher historischer, biographischer und belletristischer Werke schrieb die Geschichte für seine zwei Töchter, eine wirklichkeitsnahe, spannende Geschichte ohne Sentimentalität. Die so abenteuerliche wie bewegende Erzählung der Schiffskatze Mira endet auf einer menschenleeren Insel, auf der Mira ihr Leben beschließt.

Eine Adaption der schon im ersten Kapitel erwähnten Dick-Whittington-Geschichte ist *Molly, die Schiffskatze*, ein 1978 erschienenes Bilderbuch des Schriftstellers Ludvík Aškenazy mit Zeichnungen von Dieter Wiesenmüller. In dem ansprechend illustrierten Buch wird Molly als Schiffskatze jedoch nicht näher charakterisiert.

Ein Kater geht an Bord und *Ein Kater auf großer Fahrt* sind 1974 und 1978 im DDR-Verlag Junge Welt erschienen. Die von Helga Meyer geschriebenen und von Hans-Joachim Behrendt illustrierten Bücher beschreiben die Arbeitsabläufe auf einer Werft und einem Schiff. Der Kater Bartholomäus fungiert dabei lediglich als Stichwortgeber für die Darstellung der sozialistischen Arbeitswelt mit Kranführerinnen, erfolgreichen Stapelläufen und der Lieferung von Mundharmonikas, Milchpulver, Motorrädern und Mähdreschern aus DDR-Produktion in ferne Häfen (vermutlich) sozialistischer Länder. Der Schiffskater fängt keine Mäuse, er spielt mit ihnen, damit sie nicht zu fett werden.

Von 1983 bis 1992 erschienen in Nordamerika drei Bände der Kater-Carter-Serie von Tim Wynne-Jones, die von Eric Beddows illustriert wurden. Die beiden ersten Bände wurden unter dem Titel *Kater Carter fährt zur See* (2010) und *Kater Carter fährt zum Nordpol* (2011) im Berliner Verlagshaus Jacoby & Stuart publiziert. Die mehrfach international ausgezeichneten Bände erzählen von den phantastischen Abenteuern eines kleinen Katers auf See. Es sind allesamt wunderschöne Bücher, die aber mit dem tatsächlichen Leben von Schiffskatzen wenig zu tun haben.

Der niederländische Kinderbuchautor Hans de Beer schaffte mit seinem 1987 veröffentlichten Bilderbuch *Kleiner Eisbär, wohin fährst du?* den internationalen Durchbruch. Bisher sind zehn Bände der Eisbär-Serie erschienen, dazu zahlreiche Kino-, Fernseh- und Kurzfilme. Erzählt wird eigentlich immer die gleiche Geschichte: Den kleinen Eisbären verschlägt es durch verschiedene Umstände in ferne Länder, er erlebt dort allerlei Abenteuer und findet schließlich tierische Freunde, die ihn wieder zum Nordpol zurückbringen.

Im zweiten Band der Serie, *Kleiner Eisbär komm bald wieder!*, übernehmen zwei Schiffskatzen diese Rolle. Der kleine Eisbär wird mit vielen Fischen in einem großen Netz gefangen und landet mit ihnen im Bauch eines riesigen Fischerbootes. Er kann sich befreien und trifft an Deck auf die Schiffskatze Nemo. Im Hafen angekommen, gehen die beiden an Land, und Nemo führt seinen neuen Freund zu einer Versammlung von Schiffskatzen. Johnny ist Kater auf einem Schiff, das am nächsten Morgen zum Nordpol in See sticht. So kommt der kleine Eisbär wieder nach Hause.

Der chilenische Schriftsteller Luis Sepúlveda veröffentlichte 1996 in Spanien sein Buch *Wie Kater Zorbas der kleinen Möwe das Fliegen beibrachte*. Auch hier lassen Schiffskatzen nur von Ferne grüßen, das Buch spielt aber im Milieu der Hamburger Hafenkatzen. Eine sterbende Möwe hinterlässt Kater Zorbas ein Ei mit der flehentlichen Bitte, es auszubrüten, das Junge zu beschützen und ihm das Fliegen beizubringen. Im Verein mit anderen Hafenkatzen und einem jungen Dichter gelingt schließlich nach abenteuerlichen Verwicklungen das scheinbar Unmögliche.

Der Ich-Erzähler in Katja Gehrmanns Bilderbuch *Nelson, der Käpt'n und ich* aus dem Jahr 2003 ist Finn, ein Hund. Die Geschichte beginnt mit einem Schiffskatzen-Klassiker: Käpt'n Husen ist mit seinem kleinen Frachtschiff Samsø auf dem Weg nach Shanghai, als er auf offenem Meer auf einer Schiffsplanke den Schiffskater Nelson in Seenot entdeckt und ihn gegen Finns Willen rettet. Im Laufe der kurzen Geschichte werden die beiden unterschiedlichen Spezies zu Freunden. Alle Seiten des hinreißend illustrierten Buches atmen die Welt der wirklichen Schiffskatzen.

Nelson heißt auch der Schiffskater in dem Kinderbuch *Ahoi, Kater Nelson!* von Michaela Hanauer mit Illustrationen von Mathias Weber aus dem Jahr 2009. Und Nelson ist ein richtiger Schiffskater. Aufgewachsen am Hafen, kommt er schon als Jungkater an Bord des Frachters Schwarze Muschel, liefert sich Scharmützel mit Ratten, wird seekrank, geht fast über Bord und vertändelt in einem orientalischen Hafen die Abfahrt seines Schiffes. Er heuert auf einem Passagierschiff an und entdeckt bei der Anfahrt auf einen französischen Hafen die gerade auslaufende Schwarze Muschel. Mit einem waghalsigen Sprung auf den vorbeifahrenden Frachter kehrt er zur Freude der gesamten Mannschaft auf sein angestammtes Schiff zurück.

2014 ist der großformatige Bildband *Käptn Katz* von Inga Moore auf Deutsch erschienen. In dieser Geschichte wimmelt es nur so von Katzen auf der Carlotta, dem Handelsschiff von Käptn Katz. Der liebt Katzen über alles, kommt jedoch als Händler auf keinen grünen Zweig, weil er »seine Waren oft gegen Katzen tauschte. Daher hatte er so viele.« Alle anderen Händler spotten über Käptn Katz, bis er mit Säcken voller Edelsteine von einer großen Fahrt zurückkehrt. An dieser Stelle lässt wieder Dick Whittington grüßen: Käptn Katz hatte in einem fernen Hafen seine Katzen auf das Rattenheer losgelassen, das bei einem Festmahl alles wegzufressen drohte, und war dafür fürstlich belohnt worden.

In *Der Käptn und die Mimi Kätt* von Esther Kinsky mit Illustrationen von Gerda Raidt aus dem Jahr 2012 taucht auf dem winterlichen Landwehrkanal in Berlin plötzlich ein Ozeandampfer auf, der sich auf dem Weg nach Amerika verfahren hat. Doch der Kanal friert zu und die Mannschaft muss eine Pause einlegen. Der Käptn lernt die Berliner

Hauskatze Mimi kennen und überredet sie zur Mitreise nach Amerika. Als es taut, geht Mimi an Bord. Doch bei der Abfahrt »merkte die Mimi Kätt, dass die Seefahrt nichts für sie war. Kurzentschlossen packte sie ihren kleinen Koffer und sprang wie sie noch nie gesprungen war – und landete auf festem Boden.«

Das jüngste Kinderbuch in deutscher Sprache zum Thema *Schiffskatze* erschien 2014 unter dem Titel *Die mutige Katze*. Die Opernsängerin und spätere Kinderbuchautorin Jill Tomlinson veröffentlichte den Titel in England bereits 1972. Das Tigerkätzchen Susi steht im Mittelpunkt dieser Tiergeschichte. Sie wohnt bei einem Fischer in einem kleinen französischen Dorf. Ähnlich wie beim kleinen Eisbären, erzählt das Buch eine Heimkehrer-Geschichte. Das übermütige und unerfahrene Kätzchen klettert in einen riesigen Korb und schläft darin ein. Als Susi aufwacht, fliegt sie in einem Ballon nach England. Dort angekommen, wird sie in einem Hafenstädtchen von einer freundlichen Familie aufgenommen und erlebt allerlei Abenteuer am Meer. Susi fährt in einem Schlauchboot mit, reitet mit Bill auf einem Surfbrett durch hohe Wellen, fährt Wasserski mit einem Mädchen, schleicht sich an Deck eines Schiffes, das sich als U-Boot erweist, und erklimmt schließlich ein großes Passagierschiff, das nach Frankreich fährt. Als der Ozeanriese an ihrem Heimatdorf vorbeikommt, springt Susi von Bord und wird vom Boot ihres Fischers wieder aufgenommen.

Susi ist jedoch keine richtige Schiffskatze. Das gilt auch für die Mehrzahl der Katzen in den anderen hier erwähnten Kinderbüchern aus über sieben Jahrzehnten, von denen allein sechs in den letzten achtzehn Jahren publiziert wurden.

Dennoch fällt auf, dass sich jedenfalls in einem Drittel dieser Bücher das Leben wirklicher Schiffskatzen erstaunlich genau widerspiegelt. Dabei ist es vor allen anderen Heinz Rieder mit *Mira die Schiffskatze* gelungen, »das Hohelied eines seltsamen, geheimnisvollen Tiervolkes« zu singen, »das Lied von den Schiffskatzen«.

Die Schiffskatze ist tot – es lebe die Schiffskatze!

In Containerschiffen und bei der Marine, auf den modernen Giganten der Seekreuzfahrt und an Bord von Expeditionsschiffen mit Kurs auf die beiden Erdpole oder sonstige Weltgegenden sucht man die Schiffskatze heute vergeblich. Es besteht kein Grund mehr, sie mit an Bord zu nehmen. Und falls auf diesen Schiffen doch hier und da vereinzelt eine Katze gesichtet werden sollte, dann verdankt sie ihre Anwesenheit wohl mehr der Passion eines Menschen als einer Notwendigkeit. Umso erstaunlicher ist das Phänomen, dass die Schiffskatze – gewissermaßen nach ihrem Aussterben – seit etwa zwanzig Jahren immer wieder in Nachrichten und Erlebnisberichten auftaucht, sei es in Büchern, im Internet oder in mündlichen Berichten. Es handelt sich dabei um Schiffskatzen auf privaten, also eher kleinen Schiffen. Doch der Radius dieser Schiffe umfasst manchmal die ganze Welt.

Beginnen wir unseren chronologischen Gang durch die neuere Geschichte der Schiffskatze mit einem Kater, der in einer Art Doppelexistenz als Schiffs- und Hauskatze lebte, mit dem Schiff nicht sehr weit kam und dessen Abenteuer unterhaltsam, aber eher harmloser Natur waren. Von ihrem Kater Menelik berichtete die Journalistin Helga

Schliephacke 1994 in ihrem schmalen Band *Seemann auf Samtpfoten*. Den Sommer verbrachte er auf dem Segelboot, den Rest des Jahres lebte der Abessinier-Kater in einem Haus mit Garten. Auf seinem ersten großen Segeltörn kam es zu einer so kurzen wie außergewöhnlichen Begegnung mit einer Möwe, die eine Segelbekanntschaft während eines Besuches mit an Bord gebracht hatte. Die Möwe war verletzt aufgefunden worden und deshalb an einem Flügel geschient. Nach einem Moment spannungsgeladener Begutachtung veränderte sich das Verhältnis der beiden Tiere zugunsten einer sich gegenseitig ignorierenden Koexistenz. Erst als der Kater wenig später zum ersten Mal in seinem Leben geschickt mit ausgefahrenen Krallen Fische aus dem Wasser angelte, erwachte das Interesse der flugunfähigen Möwe. Sie postierte sich hinter Menelik und nahm ihm die Beute Fisch für Fisch ab. Die Möwe profitierte dabei vom typischen Jagdverhalten der Katze beim Fischfang – sofern man davon bei Katzen überhaupt sprechen kann. Wenn Katzen also Fische fangen, lauern sie am Ufer, um ihre Pfote blitzschnell unter den Fisch zu tauchen und die Beute aus dem Wasser zu schleudern. Die Flugbahn des attackierten Fisches verläuft aus Sicht der Katze rückwärts, über ihre Schulter in Richtung Land, denn dort kann sie ihn anschließend mit beiden Pfoten festhalten und töten. Der junge Menelik, der Fische wohl mehr aus Jagdinstinkt und Spielfreude denn aus Hunger fing, war vermutlich so in das Fangen vertieft, dass er sich um die Beute selbst nicht mehr kümmerte. Sehr zur Freude der Möwe, die so in den Genuss der Fische kam. Nach diesem kulinarisch erfreulichen Erlebnis folgte sie dem Kater auf Schritt und Tritt, bis sich der Besuch samt Möwe verabschiedete.

Auf einer anderen Seereise kehrten Meneliks Menschen nach einem abendlichen Landgang zum Schiff zurück und wunderten sich, dass der Kater auf ihr Rufen nicht reagierte. Ihr Schreck war immens, als sie ihn schließlich in der Kombüse bewegungslos in einer blutroten Lache fanden. Doch die beiden begriffen fast im gleichen Moment, dass der Vorfall, der sich in ihrer Abwesenheit ereignet hatte, eher beschwingter Natur war. Sie entdeckten auf dem Küchentisch eine zerbrochene Flasche Erdbeerlikör, die Menelik aus dem Regal gestoßen haben musste, und konnten den weiteren Gang der Ereignisse mühelos rekonstruieren. Die deutlichen Spuren wiesen jedenfalls darauf hin, dass sich der Kater vor Schreck über den Krach der zersplitternden Flasche unter dem Küchentisch versteckt haben musste. Als sich dann der herabfließende Likör über ihn ergoss, floh Menelik in eine Ecke, um sein Fell ordentlich zu reinigen. Bald darauf war der Kater stockbetrunken und schlief nun seinen Rausch aus. Als die beiden Menschen versuchten, den Kater über einer Schüssel mit lauwarmem Wasser zu reinigen, erwachte Menelik und sprang aus Versehen direkt in die Badeschüssel. »Von dort im Raketenstart durch das ganze Schiff bis in den engsten Winkel im Bug. Er hinterließ zwei völlig durchnässte Menschen, einen Haufen klebriger Handtücher und ein mit Erdbeerlikör und Seifenschaum bekleckertes Schiff. Er aber setzte die Fellreinigung auf seine Weise fort.« Und schlief in dieser Nacht vermutlich tief und fest, möchte man ergänzen.

Eine Schiffskatzengeschichte mit nachhaltig schmerzlichem Ausgang aus dem Jahr 1994 stammt von dem Autor des wunderbaren Buches *Der unsinkbare Kater*, Gerald Sammet.

Diese Geschichte hat sich auf der TS Atlantic zugetragen, die selbst auf eine erwähnenswerte Historie zurückblicken kann. 1871 als Bereisungsschiff für den späteren Kaiser Wilhelm II. erbaut, wurde sie nach dessen Abdankung als Frachtsegler im Ostseeraum eingesetzt. Im Zweiten Weltkrieg wurde die TS Atlantic von einem Wehrmachtsoffizier erworben, der offenbar Grund genug hatte, sie unter dem Namen SS Vorwärts als persönliches Fluchtschiff herrichten zu lassen. Nach dem Zweiten Weltkrieg wurde die TS Atlantic als Seewassertanker vor Helgoland eingesetzt. 1982 übernahm der jetzige Eigentümer Harald Hanse das Schiff und restaurierte es nach den Originalplänen. Seitdem liegt die TS Atlantic im Museumshafen Bremen-Vegesack und geht als Traditionsschiff im Sommer mit zahlenden Gästen auf Fahrt. Die zweiundzwanzig Meter lange und etwas über fünf Meter breite TS Atlantic verfügt über eine Segelfläche von fast zweihundertfünfzig Quadratmetern und ist das älteste noch segelfähige Stahlrumpfboot der Welt. Zugleich ist sie das weltweit älteste aktive Passagierschiff mit Übernachtungsmöglichkeit in sieben Kojen.

Die Schiffskatzengeschichte, die sich dort zugetragen hat, erzählt Gerald Sammet folgendermaßen: »Im September 1994 befanden sich die in Bremen-Vegesack beheimateten Schiffe TS Atlantic und BV2 Vegesack im Hafen von Papenburg an der Ems. Die TS Atlantic führte zu der Zeit Tinka, eine schwarze Schiffskatze mit weißen Pfoten und einer hellen Nasenpartie samt Brustfleck, an Bord. Auf dem alten Schiff gab es noch Mäuse, und Tinka hatte immer gut zu tun. In Häfen ging sie gern an Land, die meisten waren ihr aufgrund früherer Aufenthalte vertraut. Deshalb kehrte sie, wie so viele andere Schiffskatzen, regelmäßig mit äußerster Präzision vor dem Auslaufen der TS Atlantic zurück.

In diesem September traf das ausnahmsweise nicht zu. Wegen fallender Tide sah sich Harry Hanse gezwungen, mit Kurs auf Leer auszulaufen. Er bat mich und die Besatzungen der ebenfalls im Hafen liegenden Schiffe, nach der Katze Ausschau zu halten. Die TS Atlantic befand sich noch in Sichtweite, als Tinka zu uns auf die BV2 Vegesack kam. Wir machten daraufhin ebenfalls los und erreichten die TS Atlantic wegen unserer höheren Motorleistung noch im Hafengebiet.

Bald ergab sich für uns die Gelegenheit, zur TS Atlantic auf Längsseite zu gehen. Als versierter Katzenhalter, für den Fall wörtlich zu nehmen, kam ich dann ins Spiel. Das Tier ließ sich mühelos aufnehmen, schien überaus arglos zu sein und genoss sichtlich die Aussicht auf die mit Hallendocks der Meyer Werft verstellten Ufer der Ems, allerdings nur, bis ich sie ans Schanzkleid brachte, um sie, mit ausgestrecktem Arm, dem Skipper der TS Atlantic zu übergeben.

Von der Sekunde an, in der sie begriff, dass sich unter ihr ein vergleichsweise schmaler Streifen offenes Wasser befand, verlor sie jedes Zutrauen und verwickelte mich in einen offenen Kampf. Er endete mit einem Riss nahe meiner Daumenwurzel, einem zerfetzten Ärmel meines schmucken Troyers und, als die Übergabe dann doch gelang, einem fauchenden Abgang über eine schnell zwischen die Schiffe geschobene Planke unter Deck der TS Atlantic.

Wie ich später hörte, blieb Tinka den Rest des Tages irgendwo an Bord verschwunden. Selbst auf einen Landgang in Leer am späten Abend verzichtete sie. Am folgenden Tag mischte sie sich auf Borkum wieder unter die im dortigen

Hafen ansässigen Katzen, ohne sich groß um deren Revier-
rechte zu kümmern. Ihres, an Bord, zu verteidigen, dazu
war keine große Mühe vonnöten. Bis heute ist unterhalb
meiner Daumenwurzel rechts ein nicht ganz verheilter Riss
geblieben.«

Mit Chico betreten wir jetzt eine ganz andere Bühne. Der
getigerte Kater mit dem ehrfurchtgebietenden Beinamen
»el terrible« zählt ohne Zweifel zu den wenigen Schiffskatzen der Gegenwart, deren Reiserouten weltumspannend
waren. Chico kam im Juli 1999 in Las Palmas de Grand
Canaria zur Welt. Als ihm im Oktober desselben Jahres
Jean-Pierre und Vreni Sauvain zufällig über den Weg liefen,
bekam seine Zukunft ein Zuhause: die Segelyacht Vito, mit
der das schweizerische Ehepaar knapp ein Jahr vorher zu
seiner vierten Weltumsegelung aufgebrochen war. Seit
1968 sind die beiden auf allen Meeren der Welt unterwegs,
zumeist unter dem Kommando einer Schiffskatze. Kurz vor
ihrer Begegnung mit Chico war die Stelle als Schiffskater
frei geworden, und so heuerte der Graubraune kurzentschlossen an. Inzwischen hat er mehr als 50000 Seemeilen
(das sind über 90000 Kilometer) zurückgelegt. Doch Chico
kann sich noch weiterer Superlative rühmen. Während einer Durchquerung des südpazifischen Ozeans hat er beispielsweise im Tuamotu-Archipel Atolle und unbewohnte
Inseln besucht, von denen Jean-Pierre Sauvain mit einer
gewissen Sicherheit annehmen kann, dass sie noch nie zuvor von einer Katze betreten worden sind. Chico wurde
nie seekrank und suchte sich bei stürmischer See einfach
einen sicheren Schlafplatz. Er ist schon ein paar Mal über
Bord gegangen, aber glücklicherweise noch nie auf hoher

See, sondern nur in Häfen. Dort konnte er dann an eigens für ihn angebrachten Stricken wieder auf die Yacht zurückklettern.

Als die Vito im Winter 2006 an der türkischen Mittelmeerküste vor Anker lag, geriet Chico in einen ernsthaften Konflikt mit einer Gang türkischer Hafenkatzen. Es begann kurz nach der Ankunft der Vito mit einem Krach im wortwörtlichen Sinn: »Auf Vitos Inventarliste konnten Kaffeekrug, Suppenteller und Tassen abgehakt werden. Das lag alles in Scherben, nachdem Chico auf der Flucht vor dem aggressiven schwarzen Hafenkater durchs Vorluk ungebremst auf dem Kabinentisch gelandet war. Da war seine Crew [Jean-Pierre und Vreni Sauvain] gerade friedlich beim Abendessen. Mehrmals schon wollte der türkische ›Hafenmeister‹ auf Pfoten unserer Schiffskatze ans Fell.« Die Crew überlegte lange, wie sie die rapide eskalierende Feindschaft zwischen ihrem Schiffskater und dem Revierherren, der dem Eindringling zeigen wollte und musste, wer im Hafen das Sagen hat, lösen könnte und kam auf eine wunderbare Idee: »Optimistisch spekulierten wir, dass es gelingen sollte, ihn [den türkischen Hafenkater] durch regelmäßiges Füttern an einem abgelegenen Ort von seinen Fress-Beschaffungsaktionen auf unserem Schiff abzuhalten. Damit hatten wir auch gleichzeitig einen dankbaren Verwerter von Chicos Futteressen. Optimismus ist Mangel an Information! In der Folge hatten wir nicht einen, sondern vier (!) schwarze Hafenkatzen zu verköstigen.« Es stellte sich schließlich heraus, dass die vier schwarzen Katzen Geschwister waren und gemeinsam ein Schiffswrack an Land bewohnten. Nach vielen vergeblichen deeskalierenden Versuchen führte letztlich ein hoch aufgespanntes Netz am Schiff zu einer wenn auch nicht friedlichen, so doch effektiven Beruhigung der streitenden Parteien.

2011 hat Chico sein Leben als Schiffskater aufgegeben und wohnt jetzt mit Jean-Pierre und Vreni Sauvain in den Schweizer Bergen. Er wird in wenigen Monaten fünfzehn Jahre alt und ist inzwischen auch zu betagt für das aufregende Leben auf See und in türkischen Häfen.

Die Radiojournalistin Bettina Haskamp erzählte in ihrem 2002 erschienenen Buch *Untergehen werden wir nicht* über ihre Segelreise von Europa nach Brasilien. Dabei wurden sie und ihr Mitfahrer Gerhard Ebel auf ihrem selbstgebauten Katamaran Manua Siai von der Schiffskatze Zucki begleitet. Die dreifarbige Katze kam erst unterwegs im Alter von nur zehn Wochen auf das Schiff und wurde zusammen mit ihren Geschwistern für den Job als Schiffskatze regelrecht ausgebildet: »Morgendliche Szene auf der Finca. Gerhard erscheint, die Katzen verschwinden in den Büschen. Gerhard holt sie wieder raus und bringt sie auf den Steg. Ab ins Wasser. Erst nur ein kleines Stück vom Steg weg, dann ein bisschen weiter. Die Kätzchen strampeln zurück und klettern wieder auf den Steg. Genau darum geht es dem Trainer: Die Kleinen sollen lernen, nicht in Panik irgendwohin, sondern zurück zum Steg (später: Boot) zu schwimmen, falls sie am Ankerplatz von Bord fallen.«

Vermutlich war die Ausbildungszeit jedoch ein wenig zu kurz, um dies garantieren zu können, denn später berichtet die Autorin von einem Erlebnis, das eine Freundin mit Zucki hatte: »Dolores zeigte sich beeindruckt von der Schwimmfähigkeit meiner Katze. Wieso wusste Dolores, dass Zucki schwimmen kann? Die Antwort hieß Ikea und war der Hund von Dolores. Sie erzählte, dass sie mit ihrer Familie, inklusive Hund, spät nach Hause gekommen sei und Zucki auf ihrem Boot angetroffen hätte. Zucki mochte Hunde nicht wirklich. Sie hatte sich deshalb spontan zur Flucht entschlossen und war ins Hafenbecken gesprungen. Aber statt zu unserem Schiff zu schwimmen, hatte sie in ihrer Aufregung die falsche Richtung erwischt, weg von unserem Schiff und damit von ihrem Kletternetz, über das sie wieder an Bord hätte kommen können. Jetzt waren die Nachbarn in Panik und machten ihr Beiboot klar, um die Katze zu retten. Aber Zucki war schneller. Sie schwamm entschlossen so lange an der Hafenmauer entlang, bis sie eine Treppe fand und an Land klettern konnte. Dann war sie zu unserem Schiff marschiert.«

Vor der westafrikanischen Küste konnte die Schiffskatze Zucki eine besondere Erfahrung machen: »Entspannte, schöne Stimmung an Bord, auch die Katze ist hochzufrieden – ihr fliegen hier die Fische direkt ins Maul! Übrigens ist sie seit jener ersten heftigen Nacht nie wieder seekrank gewesen, sondern macht jeden Seegang klaglos mit. Ich habe sogar den Verdacht, dass es ihr auf See besonders gut gefällt, weil wir uns da den lieben langen Tag mit ihr beschäftigen können oder sie einen von uns fast immer in der Koje vorfindet. Die fliegenden sind leider die einzigen frischen Fische an Bord – wir haben seit dem Trip zu den Azoren keinen anständigen Fisch mehr gefangen.«

Die Zufriedenheit der Katze ließ allerdings bald darauf spürbar nach. Wohl aus Protest gegen die beengten Lebensumstände auf dem Katamaran begann sie ihr Katzenklo zu meiden. Auf den Kapverden ging sie dann freiwillig von Bord.

Im Jahr 2000 gab der erfolgreiche Unternehmer Bernt Lüchtenborg seine Workaholic-Existenz auf, kaufte sich die dreizehn Meter lange, hochseetüchtige Mittelcockpit-Yacht Auryn und stach im August von Cuxhaven aus allein in See. Aus dem geplanten mehrmonatigen Törn wurde eine Weltumsegelung, die schließlich gut fünf Jahre dauerte. Die Chronik dieser Reise hat Lüchtenborg 2007 in seinem Buch *Meereslust* veröffentlicht.

In Rio de Janeiro kam es zu einer unverhofften Begegnung, die das Leben an Bord sehr verändern sollte: »Die kleine verwahrloste Katze miaute schon einige Tage in den Steinen der Uferböschung, die vor der Auryn am Steg lag. Sie miaute so jämmerlich, dass ich nachschauen musste und das, obwohl ich eigentlich keine Katzen mag. Das Tier, ein paar Wochen alt, war offensichtlich von Mama Katze verlassen worden und befand sich in einem erbärmlichen Zustand. Ich päppelte die Kleine auf, säuberte sie, brachte sie zum Tierarzt. Danach war sie geimpft, hatte Papiere, trug ein Halsband und durfte nicht mehr erschossen werden.« Damit war der Fall für Bernt Lüchtenborg erledigt. Doch nicht für die Katze, die er Rio getauft hatte: »Sie beschloss, bei mir zu bleiben! Auch am Tag meiner Abreise ließ sie sich nicht überlisten. Ich setzte sie an Land, legte mit Auryn ab und steuerte mein Schiff zur gegenüberliegenden Tankstelle, um Diesel zu bunkern. Als ich damit fertig war und vom Zahlen zum Schiff zurückkehrte, saß Rio wieder an Deck!« So kam eine Schiffskatze als zweiter Passagier an Bord.

Bis zu dieser Stelle hat Bernt Lüchtenborg sein Buch überwiegend in der Ich-Form erzählt. Ab nun heißt es immer *wir* und *uns*. »Wir verstanden uns sehr gut. Beim Segeln lag sie meistens auf der Leeseite unter der Sprayhood. Bei

Schlechtwetter verzog sie sich in den Salon. Meistens in meine Koje. Ich empfand meinen Mitsegler als wunderbar. Er verschaffte mir Abwechslung und war ein Ventil. Entlastung für das mit sich selbst beschäftigte Ich.« Später, nach einem schweren Sturm, notierte Lüchtenborg: »In dieser Nacht war ich mächtig stolz auf mein Schiff und dankbar, dass noch jemand bei mir war: Rio. Meine Katze war äußerst sensibilisiert für meine innere Stimmung, besonders jetzt, wo sie merkte, dass ich etwas Unterstützung benötigte, sprang sie nach oben, kroch in meine Schwerwetterkleidung, schmiegte sich dicht an meinen Faserpelz und begann zu schnurren. Ein unglaubliches Gefühl von Wärme durchströmte meinen kalten Körper.«

Etwa sechshundert Seemeilen südwestlich von Rio de Janeiro liegt die brasilianische Hafenstadt Joinville. Nach einem zweitägigen Landausflug zu den Wasserfällen von Iguazu kehrte Lüchtenborg zur Auryn zurück, doch Rio war verschwunden. Den ganzen Abend suchte er nach ihr. Ohne Ergebnis. Bis zum Einschlafen musste er an die Katze denken, an die er sich gewöhnt hatte. »Ich schlief schlecht und träumte wild. Anderntags erledigte ich ein paar Einkäufe, suchte ein letztes Mal nach Rio und war bereit zum Auslaufen. Als ich aus dem Office des Yachtclubs zurück zum Steg ging, konnte ich es kaum fassen: Da saß meine Katze. Stellte ihren Schwanz hoch und stiefelte maunzend auf mich zu!«

Rio genoss neben dem Leben an Bord auch die Landgänge. Bernt Lüchtenborg baute ihr deshalb in San Fernando aus den langen Bohlen der Werftzimmerei einen Catwalk, über den sie von Bord gehen konnte. Und es dauerte nicht lange, da war Rio schwanger. Wohin mit den Neugeborenen? Diese Frage beschäftigte den Kapitän fortan in vielen Nächten. In Ushuaia, der südlichsten Stadt Argentiniens, war es endlich so weit und die Jungen kamen zur Welt: »Ich räumte gerade das Schiff auf, spülte das Kap-Hoorn-Salz vom Deck und befreite die Segel ebenfalls von einer Salzschicht. Dann hielt ich den Zeitpunkt für gekommen, eine Kaffeepause einzulegen. So stieg ich in den Salon hinab und trat fast in den Haufen, den Rio gerade hinterlassen hatte. Er bestand aus fünf Katzenbabys!« Eines davon war allerdings tot. Das Kätzchen erhielt den Namen Monkey, die Kater wurden auf Socke, Tarzan und Wolf getauft. Bernt Lüchtenborg genoss das Zusammenleben mit den Katzen, auch wenn es mitunter anstrengend war: »Abendessen. Ich musste etwas mehr Disziplin in die freche Raubtiergruppe bekommen, packte einen Tiger nach dem anderen, zog ihre gierigen Mäuler aus meinem Hackbraten und warf sie zurück auf die Sitzbank. Von dort nahmen sie neuen Anlauf, um über meine Beine wieder auf den Tisch zu gelangen. Zu putzig – ich ließ sie.« Wie ihre Mutter schätzten auch die Jungen das Leben an Land. Ihren ersten Landgang erlebten sie an der Westküste Chiles: »Morgen wollten wir den Golf de Corcovado durchsegeln, am Abend ankerte die Auryn in der Baja Porvenir. Nicht gerade erwähnenswert, wenn es nicht der Platz gewesen wäre, wo […] ich die ganze Katzenbande ins Dingi verfrachtete, um sie bei ihrem ersten Landgang zu begleiten […]. Ich hatte Vorräte genug und leckere Würstchen auf dem Grill. Die Katzen? Die erkundeten derweil die nähere Umgebung, an einem Abend, der ruhig und friedlich blieb. Der Rauch des Feuers stieg in die Stille der Luft und dämpfte die Abenddämmerung, in der es winterlich kalt wurde. Ich sammelte die Raubtiere ein, ruderte zum Schiff zurück, bis es platschte … Der Erste, der seinen

Freischwimmer erhielt, war Socke. Irgendwie hatte er das Timing des Absprungs noch nicht drauf und landete statt auf dem Heck im Wasser. Vom Beiboot fischte ich den Vierbeiner aus der See, stellte ihn aufs Deck, ließ mir das Wasser ins Gesicht schütteln und kletterte hinterher.«

Dreihundert Seemeilen weiter nördlich, in der chilenischen Hafenstadt Valdivia, hieß es Abschied nehmen von der Raubtiertruppe. Mit fünf Katzen an Bord konnte und wollte Lüchtenborg nicht über den Pazifischen Ozean nach Australien segeln. Er fertigte ein Plakat an und pinnte es an die Eingangstür der deutschen Schule. Schnell waren alle Katzen vergeben. Alle Katzen? »Einer blieb bei mir, Socke. In der Nähe von Kap Hoorn geboren, mit Salzwasser getauft, gehörte er nun zur Crew. Auch wenn der Pontifex der Fahrtensegler, Bobby Schenk, behauptet, […] er kenne keine Katze, die zwei Ozeane überlebt habe, so habe ich dem Fellkumpan ins Ohr geflüstert: ›Socke, wir segeln über drei Ozeane.‹«

Bernt Lüchtenborg hat die Entscheidung für Socke nicht bereut. Der Kater wurde ihm ein treuer und sehr zugewandter Reisebegleiter: »Er spielte versonnen mit den Schoten und war auch sonst immer mittendrin. Arbeitete ich nachts auf dem Vordeck, wuselte der noch verschlafene Kater stets mit mir. Trug ich in der Seekarte die Position ein, musste ich erstmal den Kater beiseiteschieben. Öffnete ich den Kühlschrank, hatte er als Erster die Nase drin. Pinkelte ich über die Reling, stand er garantiert zwischen meinen Beinen.« Doch das Zusammenleben mit dem Jungkater lief nicht immer schmerzfrei ab: »Als ich am Navigationstisch saß, versuchte Socke mit einem Satz aus dem Cockpit auf dem Tisch zu landen, aber das Timing passte nicht wirklich. Krallend blieb er in meinem Oberschenkel hängen. Ich wusste nicht, was mich mehr faszinierte, das Blut, das langsam an meinem Bein herunterlief, oder die 30 000ste Seemeile, die das Log plötzlich anzeigte!« Zum Ärger des Kapitäns entwickelte Socke die Fähigkeit, sehr erfolgreich fliegende Fische zu fangen. »Er schleppt seine fliegenden Fische ins Bett, ich schmeiß sie wieder raus!«

Auf den Osterinseln legten die beiden einen längeren Aufenthalt ein. Socke war inzwischen geschlechtsreif, und da musste etwas geschehen, wenn Mensch es auf dem Boot noch aushalten wollte: »Bei einfachen Gerichten, bei Fisch, Gemüse und Reis in wunderbarer Atmosphäre lernte ich den Dottore Vetenario kennen, wovon auch Socke bald darauf etwas hatte, er wurde kastriert und verlor seine Eier – auf der Osterinsel!«

An vielen Stellen seines Buches erwähnt Bernt Lüchtenborg, dass Socke immer zur Stelle war, wenn etwas an der Schleppangel hing. In der Nähe des Great Barrier Reef war es ein besonders großer Brocken, ein Riffhai mit fast zwei Metern Länge. Der Überlebenskampf des Hais dauerte eine halbe Stunde, dann konnte Bernt Lüchtenborg das Tier mit einem Gaffhaken an Bord ziehen. Er dachte, der Hai wäre bereits tot. Aber er hatte sich getäuscht: »Ich strich über seine Haut, schrak aber im gleichen Moment zurück, weil er sich in verzweifelten Zuckungen vom Köder in seinem Maul zu befreien versuchte. Mit mir sprang auch Socke in die sichere Deckung.« Allein die unkontrollierte Berührung mit der Haut des Hais barg große Gefahren. Sie fühlt sich nach Lüchtenborgs Auskunft an wie »Schmirgelpapier der Körnung einhundertzwanzig! […] Nachdem der Hai nicht mehr zappelte, ich ihn bestaunt und bewundert hatte und mich durch seine geheimnisvolle Aura verzaubert fühlte – brachte ich ihn eiskalt um. Das Letzte, was er spürte, war ein dumpfer Schlag aus Edelstahl.« Bei einem anderen Erlebnis mit einem relativ großen Tier musste Bernt Lüchtenborg über seinen Kater staunen. Tölpel sind eine Familie von Seevögeln aus der Ordnung der Ruderfüßer. Die kleinsten von ihnen erreichen eine Körperlänge von sechzig Zentimetern und wiegen ein knappes Kilo, die größten sind einen Meter lang und bringen gut drei Kilo auf die Waage. Lüchtenborg wunderte sich darüber, »wie Socke den Burschen durch den schmalen Niedergang brachte. Als er jedoch meinte, er müsste mir seine Beute auch noch ins Bett legen, wurde ich hellwach und beförderte den Vogel samt dem daran hängenden Kater wieder hinaus.«

Socke bewährte sich bei jeder Wetterlage. Während eines mächtigen Sturmes ging es auf der Auryn hoch her: »Mein Schiff torkelte, wurde vom nächsten Brecher brutal auf die Seite geschleudert, und im nächsten Augenblick veränderte sich die kleine Welt in seinem Inneren. In der Koje wurde ich von Luv nach Lee geschleudert und lag mit dem Rücken auf dem Bücherregal. Ich wusste nicht, was mehr nachgab: die Holzverkleidung der Sitzbank oder meine Knochen! Dann kam Socke angeflogen und nach ihm alles, was sich lose im Schiff befand.« Die Auryn wurde 90° auf die Seite gelegt, der Mast berührte das Wasser. Socke begriff natürlich nicht, dass das Leben der beiden an einem seidenen Faden hing. »Nach einer gefühlten Ewigkeit riss eine Welle den tonnenschweren Kiel in Zeitlupe herum und richtete die Auryn wieder auf. Zurück in die Welt.«

Die beiden überlebten in der Nähe von Kapstadt sogar einen veritablen Blitzschlag: »Blitze zuckten, Donner krach-

ten. Aus der See erhob sich brüllend die Hölle. Ein ohrenbe-
täubender Lärm und eine statische Aufladung von fast greifbarer Energie. […] Ich war machtlos, beobachtete den schäu-
menden Wahnsinn, in dem es offenbar immer noch eine
Steigerung dessen gab, was ich hoffte, hinter mir gelassen zu
haben. Das Getöse war infernalisch, der Blitz schlug ein. Von
der Energie geblendet, atem- und bewegungslos, erlebte ich
ein zweites Mal, wie der Mast leuchtete und die Wanten
glühten. Auryn war illuminiert. […] Wo eigentlich war Socke? Vermutlich hatte er sich im Inferno irgendwo in ein
Versteck verkrochen, denn jetzt tauchte er plötzlich wie gerufen auf. Er krabbelte zu mir, legte den Kopf in meine Arm-
beuge und schaute mich im Halbdunkel irgendwie fragend
an.«

Nach dem Aufenthalt in Kapstadt wurde es Mitte Februar 2005 Zeit, die Heimfahrt anzutreten. »Nur einer hielt
sich nicht an die Abfahrtszeit und ließ auf sich warten. Socke stand wohl noch unter der statischen Aufladung der
Blitze, so dass er es vorzog, an Land zu bleiben und herum-
zustromern. Drei Nächte und vier Tage hatte ich mittlerweile das Gelände des Yachtclubs nach ihm abgesucht. Er
blieb verschwunden. Dann war die Last der Unentschlos-
senheit von mir genommen, ich entschied mich, nicht länger auf ihn zu warten. Klingt hart, nur was sollte ich machen? Wenn er sich für Kapstadt entschieden hatte, blieb
mir nichts anderes übrig, als es zuzulassen. Da ich mittlerweile meine Emotionalität besonders auf See einzuschätzen
wusste, räumte ich alles aus, was mich an meinen Kumpel
erinnern könnte: die Leinen von der Reling, die verhinder-
ten, dass er über Bord fiel. Das Kratzbrett, Spielmäuse,
Näpfe, Katzenstreu und Futter.« Es ist bemerkenswert, wie

nahe der Verlust des Katers dem ehemaligen Katzenfeind ging. Trostlos erledigte er die letzten Abreiseformalitäten und nahm Abschied. »Nachdem ich bei Zoll und Polizei ausklariert hatte, verabschiedete ich mich von Freunden, Piet und irgendwie auch von Socke. Mit sentimentalen Gedanken marschierte ich zum Schiff zurück, war dabei, die Leinen zu lösen, als ein Schatten an mit vorbeihuschte, an Deck sprang und augenblicklich zu sagen schien: Da bin ich, kann losgehen.«

Lüchtenborg ging schnurstracks zum Müllcontainer des Yachthafens und wühlte all die Dinge wieder heraus, die er kurz zuvor entsorgt hatte.

Zurück in Deutschland, fand Socke bei Lüchtenborgs Tochter eine neue Heimat – ein Schiffskater, der vom Rand der Antarktis über Australien und vom Kap der Guten Hoffnung bis nach Deutschland gesegelt ist.

★

Am nordwestlichen Stadtrand von Paris liegt in Asnières direkt an der Seine Europas größter und ältester Tierfriedhof. Er wurde 1899 eröffnet und beherbergt inzwischen über hunderttausend verstorbene Tiere. Der Friedhof wird heute noch genutzt und ist überdies ein Eldorado für Streuner. Angela Grass berichtete in ihrem 2005 für den Bayerischen Rundfunk gedrehten, preisgekrönten Film *Der Streuner – Eine Straßenkatze in Paris* von etwa dreißig Katzen, die dort ständig leben und von Friedhofsbesuchern umsorgt und gefüttert werden.

Ein Grabstein auf diesem Friedhof trägt die Inschrift: »Als alle Menschen schliefen, wachte Pom-Pom und rettete unser

Schiff. Wir werden sie nie vergessen! Die dankbare Besatzung der Résistance.« Die Geschichte, die hinter dieser Grabinschrift steckt, ist leider nicht mehr zu rekonstruieren. War die Résistance ein großes Handelsschiff oder ein kleiner Fischkutter, ein Schiff der Marine oder der Passagierfahrt? Leben noch Nachkommen der Mannschaft? Und falls ja, wo? Oder sind die Inschrift und der Grabstein eine Legende? Es scheint, als könne heute niemand mehr Auskunft darüber geben.

Unzählige Katzen sind in den vergangenen drei Jahrtausenden zur See gefahren und haben dort ihre Arbeit verrichtet, die Mannschaften unterhalten und erfreut, Stürmen getrotzt oder sind über Bord gegangen. Die Geschichte von Pom-Pom ist vermutlich für immer in Vergessenheit geraten, so wie die meisten Abenteuer und Schicksale ihrer Vorgänger und Nachfolger. Dieses Buch ist daher den vielen namenlosen Schiffskatzen gewidmet, den mutigsten, verwegensten und erfahrensten Vertretern ihrer Art.

LITERATURVERZEICHNIS

Johann Christoph Adelung, Unterweisung in den vornehmsten Künsten und Wissenschaften zum Nutzen der Schulen. Leipzig 1877.

Alfred Ahrens, Männer, Schiffe, Ozeane. Worpswede 1949.

Caroline Alexander, Die Endurance. © Berlin Verlag in der Piper Verlag GmbH, Berlin 1998.

Anonymus, Auf der österreich-ungarischen Flotte. In: Jahrbuch der deutschen Kriegsmarine. Leipzig 1936.

Anonymus, Erinnerungen eines Legionärs, oder Nachrichten von den Zügen der Deutschen Legion des Königs [von England] in England, Irland, Dänemark, der Pyrenäischen Halbinsel, Malta, Sicilien und Italien. In Auszügen aus dem vollständigen Tagebuche eines Gefährten derselben. Hannover 1826.

Ludvík Aškenazy und Dieter Wiesmüller, Molly, die Schiffskatze. Aarau 1978.

Balthus, Erinnerungen. Berlin 2002.

Hans de Beer, Kleiner Eisbär komm bald wieder!. Gossau 1988.

Eric Beddows und Tim Wynne-Jones, Kater Carter fährt zur See. Berlin 2010.

Dies., Kater Carter fährt zum Nordpol. Berlin 2011.

Hans-Joachim Behrendt und Helga Meyer, Ein Kater geht an Bord. Berlin 1974.

Dies., Ein Kater auf großer Fahrt. Berlin 1978.

William Bligh, Meuterei auf der Bounty. Neu hg. und bearbeitet von Hermann Homann. Edition Erdmann, Stuttgart 1997.

Detlef Bluhm, Katzenspuren – Vom Weg der Katze durch die Welt. Bergisch Gladbach 2005.

Ders., Das große Katzenlexikon. Berlin 2011.

Laurence Bobis, Die Katze – Geschichte und Legenden. Leipzig 2001.

Dirk Böndel, Admiral Nelsons Epoche. Berlin 1987.

John Bradshaw, Cat Sense. London 2013.

Maik Brandenburg, Die Wiege der Menschheit. In: Mare No. 61. Hamburg 2007.

Alfred Brehm, Brehms Thierleben. Erster Band. Leipzig 1876.

Heinrich Brugsch, Reiseberichte aus Ägypten. Leipzig 1855.

Alfred Thomas Bryant, Olden Times in Zululand and Natal. London 1929.

Adelbert von Chamisso, Reise um die Welt in den Jahren 1815-1818. Berlin 2001.

Jules Champfleury, Les Chats. Paris 1870.

Joseph Conrad, Der Nigger von der Narzissus. Frankfurt am Main 1971.

Mischa Damjan und Rudolf Schilling, Mau Mao Miau – Die Katze durch die Jahrtausende. Mönchaltorf/Zürich 1969.

Max Dauthendey, Raubmenschen. Berlin 1911.

Daniel Defoe, Robinson Crusoe. Frankfurt am Main 1973.

Mazo de la Roche, Cat kreuzt die Meere. In: Ulla Paulsen, Das Katzen-Buch. Stuttgart 1997.

Samuel August Duse, Unter Pinguinen und Seehunden. Berlin 1905.

Patrick Leigh Fermor, Mani. Deutsch von Manfred Allie und Gabriele Kempf-Allié. © Dörlemann, Zürich 2010.

Henry Fielding, Das Tagebuch einer Reise nach Lissabon. Mit 18 Vignetten von Horst Hussel. Übersetzt und mit Worterklärungen von Erika Gröger. Nachwort von Karl Heinz Berger. Insel-Verlag, Leipzig 1982.

Matthew Flinders, A Biographical Tribute to the Memory of Trim. Sydney 2003.

Georg Forster, Entdeckungsreise nach Tahiti und in die Südsee 1772-1775. Stuttgart 1995.

Johanna Fürstenauer, Wie kam die Katze auf das Sofa? Eine Kulturgeschichte. St. Pölten / Salzburg 2011.

Juliet Gardiner, The Animals' War. London 2006.

Lenore Gaul, Jäpkes Insel. München 1984.

Théophile Gautier, Kleine Hausmenagerie. Wien und Leipzig o.J.

Katja Gehrmann, Nelson, der Käpt'n und ich. Hamburg 2003.

Gernot Giertz (Hg.), Vasco da Gama. Die Entdeckung des Seewegs nach Indien. Berlin 1990.

Karl von Görtz (d.i. Karl von Schlitz), Reise um die Welt: In den Jahren 1844-1847, Band 2: Reise in Westindien und Südamerika. Stuttgart 1853.

Paul Goldmann, Ein Sommer in China. Frankfurt am Main 1899.

Carlo Goldoni, Geschichte meines Lebens und meines Theaters. München 1968.

Michaela Hanauer und Mathias Weber, Ahoi, Kater Nelson!. Stuttgart 2009.

Heinrich Hansjakob, In Italien. Mainz 1877.

Bettina Haskamp, Untergehen werden wir nicht. Hoffmann und Campe, Hamburg 2002.

Paul Gerhard Heims, Seespuk, Stuttgart 1965.

Kurt Herzbruch, Abessinien. Eine Reise zum Hofe Kaiser Meneliks II. München / Leipzig 1925.

Wolfgang Hildesheimer, Gesammelte Werke in sieben Bänden, Band 1. Frankfurt am Main 1991.

Jean-Louis Hue, Katzen. Eine Liebeserklärung und eine kleine Enzyklopädie. Düsseldorf 1984.

Frank Hurley, Die Schicksalsfahrt der Endurance. Wilhelm Heyne Verlag, München 2000.

Johannes V. Jensen, Katzenkinder. In: Die schönsten Katzengeschichten. Zürich 1973.

Marcel Jouhandeau, Das Leben und Sterben eines Hahns. Tiergeschichten. Stuttgart 1984.

Ioanna Karystiani, Die Augen des Meeres. Berlin 2011.

Esther Kinsky und Gerda Raidt, Der Käptn und die Mimi Kätt. Berlin 2012.

Christoph Kolumbus, Schiffstagebuch. Leipzig 1992.

Illustrirtes Konversations-Lexikon. Vergleichendes Nachschlagebuch für den täglichen Gebrauch. Hausschatz für das deutsche Volk und »Orbis pictus« für die studirende Jugend. Fünfter Band. Leipzig und Berlin 1876.

Val Lewis, Ship's Cats in War and Peace. Shepperton 2001.

Pierre Loti, Leben zweier Katzen. München 1999.

Felix Graf von Luckner, Aus siebzig Lebensjahren. Biberach / Riss 1955.

Bernt Lüchtenborg, Meereslust. © Heel Verlag, Königswinter 2007.

Philipp Mayer, Erinnerungen aus Jerusalem und Palästina. München 1858.

Inga Moore, Käptn Katz. Stuttgart 2014.

Erhard Oeser, Katze und Mensch. Darmstadt 2005.

Plymouth Journal 1818. In: Pol Sackarndt, Katzen. München 1930.

Frank Pope, Das Wrack von Hoi An. Frankfurt am Main 2009.

Johann Rudolf Rengger, Reise nach Paraguay in den Jahren 1818-1826. Aarau 1835.

Heinz Rieder, Mira die Schiffskatze. München 1959.

Woodes Rogers, A Cruizing Voyage round the World. London 1712.

James Clark Ross, A Voyage of Discovery and Research in the Southern and Antarctic Regions. During the Years 1839-43. London 1847.

Anna von Rottauscher, Altchinesische Tiergeschichten. Wien o.J.

Alexander Rumpelt, Frühlingstage am Mittelmeer. In: Gesellschaft Urania (Hg.), Himmel und Erde. Berlin 1901.

Gerald Sammet, Der unsinkbare Kater. Transit, Berlin 2012.

Jean-Pierre Sauvain, Chico. In: Katzen Magazin 6/2006, 1&2/2007. Dietlikon 2006, 2007.

Peter Scheitlin, Versuch einer vollständigen Thierseelenkunde. Stuttgart und Tübingen 1840.

Gustav Schenk, Seefahrer Kador. In: Die Unzähmbaren. Von der Herrschaft der Tiere. Hannover 1937.

Helga Schliephacke, Seemann auf Samtpfoten. Frankfurt am Main 1994.

Albert Schug (Hg.), Die Bilderwelt im Kinderbuch – Kinder- und Jugendbücher aus fünf Jahrhunderten. Katalog zur Ausstellung der Kunst- und Museumsbibliothek und des Rheinischen Bildarchivs der Stadt Köln, 1988.

Howard Schulberg, Deine Katze und du. Rüschlikon-Zürich 1963.

Wolfgang Schwerdt, Forscher, Katzen und Kanonen. Berlin 2012.

Ders., Die Schwarzbärflotte. Hessisch Lichtenau 2012.

Robert Falcon Scott, Kapitän Scott. Letzte Fahrt. Leipzig 1913.

Luis Sepúlveda, Wie Kater Zorbas der kleinen Möwe das Fliegen beibrachte. Frankfurt am Main 2001.

Carl Johan Fredrik Skottsberg, Der Anfang vom Ende. In: Otto Nordenskjöld, Antarctic, Band 2. Berlin 1904.

Jill Tomlinson, Die mutige Katze. Ravensburg 2014.

Sir Travers Twiss, The Black Book of the Admirality, Vol. 3. London 1874.

Mark Twain, Meine Weltreise nach Indien. Edition Erdmann im marixverlag, Wiesbaden 2010.

Tomi Ungerer, Heute hier, morgen fort. Deutsch von Hans-Joachim Hartstein und Christa Hotz. Copyright © 1983, 1988 Diogenes Verlag AG Zürich.

Gerhart Waeger, Die Katze hat neun Leben. Bern 1976.

Karl Friedrich Wilhelm Wander, Deutsches Sprichwörter-Lexikon. Leipzig 1870.

Anna Antoinette Weber-van Bosse, Ein Jahr an Bord der I.M.S. Siboga. Leipzig 1905.

Daniel Wegelin, Erinnerungen aus Russland und dem Orient, Band 1. Bern 1843.

Ehm Welk, Die wundersame Freundschaft – Das Buch von Tier und Mensch. Leipzig 1940.

Bartholomäus von Werner, Deutsches Kriegsschiffsleben und Seefahrtkunst. Leipzig 1891.

Ursula Williams, Balthasar oder Die neun Leben des Schiffskaters. Einsiedeln 1960.

Unnützes Wissen über Katzen

Hätten Sie gewusst, dass ...

... 1963 eine Katze 155 Kilometer in den Weltraum geschossen wurde und wohlbehalten zur Erde zurückkehrte?

... das Skelett der Katze aus 230 Knochen besteht?

... Picasso mit einem Auktionspreis von 92,5 Millionen US-Dollar das teuerste Katzenbild aller Zeiten gemalt hat?

... in Deutschland jährlich Katzenfutter im Wert von anderthalb Milliarden Euro verkauft wird?

... ein Kater namens Simon in England 1949 für vorbildlichen Kriegseinsatz in China mit dem Victoria Cross ausgezeichnet wurde?

... dieses Buch all die Fragen zur Katze beantwortet, die Sie sich bisher nicht einmal gestellt haben?

Detlef Bluhm, Was Sie schon immer über Katzen wissen wollten. insel taschenbuch 4245. Etwa 120 Seiten

Ein immerwährender Kalender für alle Katzenfreunde

»Wenn Gott Mensch werden konnte, kann er auch Katze werden.« *Robert Musil*

Der unverzichtbare Jahresbegleiter für alle Katzenfreunde: *Mit Katzen durch das Jahr* regt täglich zum Nachdenken an: durch sorgfältig ausgewählte Zitate aus der Weltliteratur sowie Anekdoten und Fakten über außergewöhnliche Ereignisse rund um die Katze – oder um Menschen, die Katzen in besonderer Weise verbunden waren. Mit einer wöchentlichen Kolumne kurzer Texte über wesentliche Stationen des Wegs der Katze durch die Welt entsteht über den Lauf des Jahres eine kleine Geschichte der Feliden. Ergänzt wird all dies mit wunderbaren Fotografien von Isolde Ohlbaum, die die Vierbeiner in herrlichen Bildern in Szene zu setzen weiß. Ein ebenso praktischer wie unterhaltsamer Begleiter durchs ganze Jahr!

Mit Katzen durch das Jahr. Ein immerwährender Kalender. Herausgegeben von Detlef Bluhm. Mit Fotografien von Isolde Ohlbaum. insel taschenbuch 4250. 320 Seiten

**Das optimale Buch für jeden,
der Katzen liebt und alles und noch
etwas mehr über sie erfahren
möchte**

»Legen Sie sich gemütlich zu Ihrer Katze aufs Sofa und ent-
spannen Sie! Denn vielleicht ist *Das große Katzenlexikon* das
erste Nachschlagewerk, das Sie von A bis Z durchlesen. Nach
350 Seiten Lektüre, mit faszinierenden Fotos und Zeichnungen, wissen Katzenfreunde, was sie schon immer ahnten:
Ohne Katzen wäre die Welt eine andere und eine ärmere.«
(Ingrid Backes, Deutsche Welle)

Das große Katzenlexikon bietet über 300 Stichwörter und
zehn umfangreiche Schlüsselbegriffe, beispielsweise die erste
Geschichte der Katze im Comic. Zahlreiche Abbildungen il-
lustrieren diese rare Fundgrube feliden Wissens, in der (fast)
die ganze Welt der Katze abgebildet wird. Detlef Bluhm hat
ein das Bisherige weit überragendes, spannend und witzig er-
zähltes Lexikon verfasst, in dem auf jeder Seite selbst für den
Kenner Überraschungen und neue Erkenntnisse lauern.

Detlef Bluhm, Das große Katzenlexikon
insel taschenbuch 3653. 360 Seiten

NF 172/1/04.13

»Frauen sind wie Katzen: Beide kann man nur zwingen, das zu tun, was sie selber mögen.« *Colette*

Frankreichs berühmteste Harfenistin nimmt bei ihren Katzen Musikunterricht, eine römische Dichterin gibt das erste Katzenporträt der Kunstgeschichte in Auftrag, eine Autorin aus der Schweiz reist mit ihrer Katze 3500 Kilometer von Südindien nach Tibet – diese Anthologie erzählt von der besonderen Beziehung zwischen Katzen und Frauen.

Von Katzen und Frauen. Ausgewählt von Detlef Bluhm. insel taschenbuch 4212. 172 Seiten